U0175547

AR看见未来

何海生 戴毅◎著

中国商业出版社

图书在版编目（C I P）数据

AR看见未来 / 何海生，戴毅著. -- 北京 ：中国商业出版社，2020.1
ISBN 978-7-5208-1079-1

Ⅰ. ①A… Ⅱ. ①何… ②戴… Ⅲ. ①虚拟现实一研究
Ⅳ. ①TP391.98

中国版本图书馆CIP数据核字(2019)第289857号

责任编辑：刘万庆

中国商业出版社出版发行
010-63180647 www.c-cbook.com
（100053 北京广安门内报国寺1号）
新华书店经销
三河市长城印刷有限公司印刷
*
710毫米×1000毫米 16开 14.5印张 195千字
2020年4月第1版 2020年4月第1次印刷
定价：58.00元
* * * *
（如有印装质量问题可更换）

序　被知识包裹的视野

20年前，我们谈及学习的革命，但是革命并没有到来。原因在于我们虽然有推进一场知识革命的想法，但是我们没有进行这场革命的新工具，仅仅依靠传统的学习工具是无法进行一场学习的革命的。

从技术层面来看，工业革命是以生产工具更新为基础的。电器革命和信息革命均依赖于工具的创新，增强现实（AR）技术是人类的一场工具革命，更准确地说，是一场学习工具的革命。《AR看见未来》这本书，展现了未来AR技术在各个生活场景、工业场景、服务场景和娱乐场景的应用。

得益于手机硬件技术的发展，溢出的技术可以用于AR领域，降低了整个技术系统的应用成本。云计算、物联网、大数据和人工智能技术的发展，这些技术在高度集成之后，会形成一个面向用户的界面，这个界面就是VR/AR体系。这本书以颇具说服力的文字，阐述AR就是物联网时代的用户超级硬件终端。

由于AR+物联网的应用案例还没有展开，本书对于其在未来的应用场景的思考基本都是基于想象力来进行，书中所描述的场景，确实是有极大的可能性出现在未来的生活和工作之中。

AR属于未来技术，未来技术和产业结合对于年青一代来说，就是一个颠覆上一代人的战略机会。而颠覆的方式就是借助AR技术系统进行更加快速的学习，并在任何工作场景中都获得实时使用知识，工作场景和学习场景彻底合一，而且是实时合一。这是上一代人梦寐以求的技术系统。

既然有互联网时代的原住民，且他们在互联网创业中如鱼得水；那么在未来也会有“AR一代”和“AR时代的原住民”。我觉得AR时代和我们这代人最大的不同，就是AR除了提供游戏娱乐之外，就像一个外脑一样，虽然计算是在云中的，但是学习的过程就会全部视觉化和体验化，这种学习效率是极高的。

在未来，我们的视野里不仅能够显示自然影像，而且所有的自然影像都会被知识所包裹。我们在风景区里看到一棵不认识的树，AR会立即显示所有跟这棵树相关的内容，就和我们从自己脑中提取信息时的情景一样，既方便又快速。人脑和外脑通过AR这个赋能工具，进行协调工作，从而创造一个不同的未来。

何海生

前言

现实增强技术是一种实时地计算摄影机影像的位置及角度并加上相应图像、视频、3D模型的技术，这种技术的目标是在屏幕上把虚拟世界套在现实世界并进行互动。AR技术对网络传输速度有较高要求，因此被认为是5G时代最先爆发的技术。

提到AR技术，就不得不提2015年的现象级手游《Pokémon Go》。这是一款基于现实增强技术的宠物养成对战类RPG游戏。玩家可以根据游戏提示，在电子地图上看到附近哪里有神奇生物出没，然后赶到目的地。此时在手机屏幕上，就出现了一只活灵活现的神奇生物，它们在草丛里、公园长椅上、空地上走动。玩家则可以根据游戏规则进行抓捕。这款手游在满足老玩家、吸引新玩家的同时，更向全世界普及了什么是AR技术。而AR技术的应用远不止电子游戏领域，它可以普遍应用在教育、医疗、娱乐、生活服务、电子商务、工业、制造业、军事等领域。它的出现甚至会带动新一轮的智能终端设备研发与销售，还可能会带来网络运营计费方式的调整，从而带来新的经济增长。

AR技术的普及，不只是我们的生活中多了一项新技术，更有可能改变人们认识世界的方式，甚至是思维方式。当人工智能与云已经能为人类决策提供参考，当AR技术赋予人在全新领域游刃有余的操作技术，人工智能就迈上了一个新台阶。

本书除了详细讲解 AR 技术的历史与发展，还分析了其发展趋势，探究了在各个领域技术是如何与知识体系、经验、各种变量相结合的，以及有了 AR 技术，我们的未来生活将展现出怎样的一幅图景。在探讨技术革新与技术落地的同时，还对技术给人类的思维和观念所带来的影响进行了讨论。

本书主要讲述了 AR 技术在五大领域中的应用，通过讲述世界各大科技公司对这项技术的研究，用最具代表性的案例，以大格局大视角来展开论述，构建起一个视觉重叠带来的科技世界。

目录

第一章 下一代超级视觉终端

1. 人类移动计算简史

对于生命来说，本质就是计算，对于植物而言，将一棵树看成是一台生物计算机也未尝不可。生物计算和电子计算，都是在计算，但是生物计算原理和电子计算机不同。

对于人和动物而言，行动都是基于外部信息的判断。有一句话说得很好，在原始部落中，猎人投掷出去的不是标枪，而是数学。

人类进入机械计算时代已经有上千年的历史，进入电子计算也已经有80年左右的历史了。移动计算是随着电子器件越来越微型化，耗能系统越来越小的发展趋势发展起来的。

如果按照静止的财富观来衡量的话，用20世纪60年代的算力指数来衡量现在的人，那么每一个人都是富豪，因为我们拥有的电子设备加在一起，比美国宇航局的算力系统还要强大。我们都活在计算技术迅速发展的红利之中。

20世纪七八十年代，电脑开始逐渐走入家庭，这是一个庞大的超级计算机向个人电脑简化、重构、发展的过程，在此期间，计算机的重量和体积变得小型化，价格上也更加亲民。除了家用电脑，人们还开始追求电脑的便携性，希望它能满足人们移动办公的需求。

由此，个人电脑的小型化演化出两个方向。一个发展成了现在的笔记本电脑，它尽可能完整地保留了电脑的性能，在保持系统兼容性的前提下优化配置，做到结构紧凑。另一个则发展成了现在的智能手机、平板电脑，为了追求极致便携，它简化、省略了部分电脑的性能，操作平台往往也需要重新研发。

最初在个人电脑领域进行探索尝试的企业，有诸如惠普、IBM、东芝，以及为人们所津津乐道的苹果。

苹果公司最具话题性的CEO乔布斯曾经说过："领袖和跟风者的区别就在于创新。"1980年，乔布斯和合伙人研发的苹果电脑上市，狂卷1.17亿美元，为公司以后的发展打下了坚实基础。然而公司发展随之而来的却是各种内部管理的问题，几位创始人不能再安心做产品，并由于各种原因相继离开苹果。但是对科技的狂热和对创新的追求一直驱动着苹果发展。

1989年，苹果公司砸下重金，推出了一款笔记本电脑Macintosh Portable，他们在杂志上刊登大版面的广告吸引眼球，在配置上更是不计成本，可谓是极尽奢华。这款电脑采用了当时非常先进的液晶显示屏以及高效率的内存，当然价格也贵得令人咋舌。尽管这款苹果电脑的推出上市大获成功，但这台笔记本的销量依然遭遇滑铁卢，可见消费者还难以为这样昂贵的科技产品买单。Macintosh Portable多少带有实验性质，1991年，这款笔记本跟随亚特兰大号航天飞机，登上太空，成为世界上第一台从外太空发送电子邮件到地球的电脑，这可以说是其最具标志性的成就。

同一时期，还有一部科幻剧集启发一位发明家推出了世界上第一部手机。这部剧集就是大名鼎鼎的《星际迷航》，故事主要发生在几艘星际战舰上，为人们展现了各种充满想象的未来高科技。当时，摩托罗拉的总设计师马丁·库帕看了电视剧，灵光乍现。看到剧中人物拿着无线电话和同伴通话，他敏锐地意识到，“这就是我想要发明的东西”。

马丁带领团队仅用了一个半月就研制出了第一部便携式移动手机。其内部容纳了数以千计的零件，虽然团队做出了努力，但第一代手机依然十分沉重，这让它看上去并不是很便携。为了让移动手机电话投入使用，马丁和团队继续研发了天线、基站等配套设施，这些基站相当于一台微型电脑，可以测量电话信号的强度，同时把较弱的信号传递至下一个基站。

当时还是有线电话一统天下的时代，因此，在移动手机要投放市场之前，马丁的上司还在犹豫，就连移动电话的外观都让他感到不安。其实，早期移动电话的外观简约流畅，带着十足的 70 年代工业设计风格。直到产品问世，受到消费者的热烈欢迎之后，摩托罗拉才承认了这项发明的价值。

接下来的十年，马丁带领团队对移动手机进行了 5 次技术革新，每一次都有效地缩减了手机的体积。到 1983 年，摩托罗拉的手机已经只有 450 克了。

随后的几年间，移动手机传到了中国，人们给它起了一个生动的名字——大哥大。大哥大在美国的售价超过 4000 美元，在中国更是标出了 2 万元人民币的天价。当时，拥有一部大哥大是财富的象征。尽管摩托罗拉将电话创新性地发展为移动式，并在手机通信领域领跑其他品牌，但在移动计算上却始终没有突破性进展。

2G 时代，没有人敢于想象一款没有实体按键的手机，而苹果公司于 2007 年发布了第一款 iPhone，彻底颠覆了世人对手机的认知，从此一举撼动了摩托罗拉、诺基亚等老牌通信终端设备商的地位，开启了 3G 时代，成为新的业界标杆。

当时的智能手机具备独立的操作系统，能无线接入互联网，还整合了浏览网页、多媒体应用等功能，使用智能手机可以处理多种工作任务，还可以不断升级系统和软件。

现在，我们可以描述和概括移动计算了，移动计算是随着移动通信、互联网、数据库、分布式计算等技术的发展而兴起的新技术。这是一门多学科交叉的技术，它涵盖了网络、编程、通信等多个领域。移动计算从诞生之初就自带热点，它顺应了科技智能化的趋势，改变了人们的学习、工作和生活。移动计算技术赋予了各种智能终端设备在无线环境下实现数据传输及资源共享的能力，能随时随地将信息准确传递给网络里的用户，让信息的传递发生了质的飞跃。

关于如何解读科技的发展趋势，美国畅销书作家凯文·凯利在《科技想要什么》中带来了一种全新的思路，他提到，生命包括植物、动物、原生生物、真菌、原细菌、真细菌六种，但是仔细归纳总结技术的演化，同样呈现出生命特征，也就是技术会不同程度地呈现出一定的自主性，不同的技术拥有一个或几个以下的能力：自我修复、自我保护、自我维护、对目标的自我控制、自我改进。比如，无人机可以自动驾驶，在空中飞行数小时，但它不能自我修复；通信网络可以自我修复，但不能自我繁殖；计算机病毒可以自我繁殖，但不能自我改进。而科技可以通过不断发展，最终解决这个问题，到那时，我们应该接纳科技作为第七种生命。

技术就和生物基因一样，不同基因片段在混合之后，就形成了不同的新物种。凯文·凯利说了一句很有意思的话："人类是技术的性器官。"

移动计算技术是一个技术集成的族群，最终会和万事万物相结合，形成一个完整的智能社会。大疆是微型无人机的领先品牌，我们可以将大疆看成是会飞行的移动计算机，因为在这些无人机中，很多技术系统，都来自手机技术的快速进步，因而极大地降低了产品成本，这些昂贵的产品，本来只能够应用于一些专业的场合，而现在，已经成为普通的民用技术了。

云计算、物联网、大数据和人工智能正在加速移动技术领域的技术进化。早在 20 世纪 80 年代，美国施乐 PARC 研究中心首席科学家马克·威瑟提出宁静技术（Calm Technology）概念。人类在移动计算领域的进化方式就和生物进化中的“分形”是一样的，即一种技术基因分化出无数新的物种形态，并最终看不见了，变成了生活的一部分，除了专业研究者和专业技术者，到了应用层，就是自然的一部分，普通用户已经感受不到技术的存在了。

威瑟说了一句很有名的话，被认为是移动计算时代的“圣言”，他说：“技术应无缝地融入我们的生活，而不是让我们时时感到技术的战栗与恐惧；我们不会消失在电脑空间中，而是电脑将消失在我们的生活中。”

微软中国首席技术官韦青说：“云、物、大、智是顺序性的，我们相信，人类经过几十年的发展，最终一定会走到智能化的社会。”在智能化社会，云将是底层基础，很多技术都基于云计算进行开发和设计，虚拟现实增强（简称 AR）就是其中之一。

电子技术和光子技术的混合应用，将成为下一个 30 年的热点技术系统。本质上，本书谈及的主题 AR 系统，就是电子技术和光学技术的集成技术。

2009 年，高锟因为首次提出光纤通信理论，获得了诺贝尔物理学奖，诺贝尔委员会赞扬他“在纤维中传送光以达成光学通信的开拓成就”，他也被人

们誉为“光纤之父”。

1959年，激光被发明出来，人们发现光作为传输媒介的信息容量比传统微波系统高出十万倍，开展光通信研究成了当时的热门研究方向。26岁的高锟也投身到光通信和传播介质的研究中。1966年，高锟发表了论文《为光波传递设置的介电纤维表面波导管》，提出利用石英玻璃进行传输的最初构想，解决了激光传输中衰减的难题。

今天，光纤遍布全球，人们通过这种通信技术轻松实现信息的传递，而在当时，高锟的设想却遭到了质疑，学术界和通信行业都不看好他所说的新型材料，超纯净玻璃纤维的研发成本过高，市场前景难测，大家都认为这是“不可为”的。

在高锟坚持不懈的游说下，终于有一家公司愿意投入人力财力进行研发，这就是美国康宁公司。1970年，康宁公司制造出世界上第一条符合高锟理论的低损耗试验性光纤。时隔十年，光通信借着新材料的问世，再度成为热门学科。一时间，各大企业重金投入，集结了科学家、工程师们全力研发。几乎在同一时间，贝尔实验室发明了半导体激光器，并凭借体积小的优势在光纤通信系统中得以大量运用，光纤通信迎来了一段黄金发展期。

未来几十年，移动计算技术究竟会朝什么样的方向去发展，威瑟的预测是“微粒化”。未来的计算机会很小，小到可以跟我们很多的物品相结合。超小的光电子器件、超小的计算机系统，按照人机工程设计出来的AR系统，未来会渗透产业和生活的方方面面。移动计算时代会全面到来，未来，“软件和算法”将几乎渗透人类的所有生活工作场景。

2.VR/AR/MR 未来：彼此切换

2018 年 3 月，由美国著名导演史蒂文·斯皮尔伯格执导的《头号玩家》全球公映，影片在构建起一个现实与虚拟交织的未来的同时，还向观众们展示了 VR 技术的魅力。在现实生活中，VR 离我们并不遥远，而与之相近的 AR、MR 技术也在悄然兴起。

VR 是虚拟现实，这是仿真技术的一个重要方向，是仿真技术与计算机图形学 / 人机接口技术 / 多媒体技术 / 传感技术 / 网络技术等多种技术的集合，是一门富有挑战性的交叉技术前沿学科。VR 主要包括模拟环境、感知、自然技能和传感设备等方面。模拟环境是指由计算机生成的、实时动态的三维立体逼真图像。感知是指理想的 VR 应该具有一切人所具有的感知。除计算机图形技术所生成的视觉感知外，还有听觉、触觉、力觉、运动等感知，甚至还包括嗅觉和味觉等，也称为多感知。自然技能是指人的头部转动、眼睛、手势或其他人体行为动作，由计算机来处理与用户的动作相适应的数据，并对用户的输入做出实时响应，并分别反馈到用户的五官。传感设备是指三维交互设备。

如果说 VR 是用虚拟场景取代现实场景，那么 AR 就是在显示环境中扩充

虚拟信息，这些信息可以来自听觉、视觉甚至是触觉，目的就是在感官上让现实世界和虚拟世界融合在一起。

AR是现实增强，就是一种实时地计算摄影机影像的位置及角度并加上相应图像、视频、3D模型的技术，这种技术的目标是在屏幕上把虚拟世界套在现实世界并进行互动。这种技术在1990年被提出。随着便捷电子产品CPU运算能力的提升，预期增强现实的用途将越来越广。

AR是一种将真实世界信息和虚拟世界信息“无缝”集成的新技术，是把原本在现实世界的一定时间空间范围内很难体验到的实体信息如视觉信息、声音、味道、触觉等，通过电脑等科学技术，模拟仿真后再叠加，将虚拟的信息应用到真实世界，被人类感官所感知，从而达到超越现实的感官体验。真实的环境和虚拟的物体实时地叠加到了同一个画面或空间同时存在。

AR技术，不仅展现了真实世界的信息，而且将虚拟的信息同时显示出来，两种信息相互补充、叠加。在视觉化的增强现实中，用户利用头盔显示器，把真实世界与电脑图形多重合成在一起，便可以看到真实的世界围绕着它。现实增强技术包含了多媒体、三维建模、实时视频显示及控制、多传感器融合、实时跟踪及注册、场景融合等新技术与新手段。增强现实提供了在一般情况下不同于人类可以感知的信息。

VR，是将用户置身于虚拟环境之中，更多强调身临其境的体验感。AR，则是将虚拟景象带入到现实所处的环境之中。MR，则是搭建一个平台，将现实世界和数字世界中的人、景、物及所处的场所融为一体，让它们彼此可以在同一个环境中互动交流。

MR是混合现实，有灵活性的特点，它是尝试把VR和AR的优点融为一

体。从理论上讲，混合现实可让用户看到现实世界，但同时又能呈现出可信的虚拟物体。随后，它会把虚拟物体固定在真实空间当中，并且遵循现实世界中的透视法则，从而给人以真实感。

这三种技术依托的是相同的底层技术，在技术系统中，对技术要求、参数要求也是相同的。现在，也有一些研发机构尝试着要推出超级移动终端，这种终端将整合 3R 技术，实现不同需求、不同场景下相应功能的切换。3R 可以与各种场景深度结合，比如教育、职场培训、人机互动、传媒与娱乐、旅游，以及实体和在线零售、建筑、装修、维护、房地营销、医疗护理、实验室等多种场景。

在教育领域，学生不用再背着各个课程的教材课本去上学，课堂上，老师可以带领学生进入全新的亲身实践式学习环境，以及沉浸式的学习平台，充分调动学生的积极性，激发学习兴趣，有效提高学习效率。

在企业的职业培训中，新员工可以在虚拟和现实环境下快速掌握工作要领，而且这种培训还具备可重复、零耗材、低成本的优点。

在娱乐休闲领域，3R 应用将更为广泛，未来不仅有内容更加成熟的 VR 电影、VR 游戏，3R 技术还能在现实中构建出游戏场景，进一步提升游戏乐趣。而人们的旅游度假，也可能将不用长途奔波，而是在混合现实中就能体验头等舱的旅程，然后享受逼真的阳光、沙滩和海水。

在零售行业，VR 和 AR 技术的结合，能够带给人们更好的购物体验，消费者可以实现虚拟服饰搭配、轻松试衣，还可以通过模拟家具摆放的位置、色调的搭配，挑选到更称心的家居物品。

在设计和制造领域，借助 VR 和 AR 技术，小到精密零部件，大到汽车、飞机、轮船，都可以进行实时预览，从而提升整个效率。

在维修领域，设想一名初级大型设备技工被派往建筑工地，紧急维修一辆大型挖掘机。老板将一副AR眼镜交给这个新手，眼镜中的维修手册让他能一边排除故障，一边直接观看图解指导。

在医疗护理领域，3R技术不仅可以无死角地全景展示手术过程，对医务工作者进行培训，甚至能实现专家远程指导来完成手术的操作。

遇到检测物高危、检验耗材昂贵、检验耗时漫长等问题的实验室场景，3R技术正好能发挥作用，协助研究人员完成高沉浸性、高仿真性、高互动性的实验过程。

3R技术目前无处不在，并且正在从休闲游戏世界进入商业企业世界。这些创新技术也在逐渐整合应用到现有的工程和制造工作流程中，开启了新的工作方式，使当前的流程现代化，并随着技术的发展对其进行了未来的验证，最终为企业节省了时间和金钱。

3R在技术开发层面几乎是同源的，但是在应用技术领域将会产生巨大的差异。这种应用差异，将带来新的时代机遇，世界将进入新的以3R技术为基准的新内容时代，年青一代的战略机遇就在3R里了。

3. 复杂技术系统可视化趋势

哪种沟通方式能够最高效地实现人和人之间的交流？传统观念当然是语言。人们认为语言表达的意思最详细、准确。因为不仅说着相同语言的人可以交流，说不同语言的人还可以通过学习另一种语言实现沟通。

语言学家说："语言作为研究对象，初始有两种含义，一种是抽象概念，一种是特定的语言系统。"在当代语言研究中，语言的一个定义是人们从事语言行为学习、表达并理解的心智，偏向语言对于人类的通用性，这种观点认为语言是人类与生俱来就可以获得的能力，所有认知能力正常的儿童只要在成长环境中能够接触到语言，即使没有人引导和刺激，也可以习得语言；另一种对于语言的定义则是一种口头上或符号上的人类交流系统，人类是用语言去表达或控制周围环境的客体，该理论强调了语言的社会功能。

语言表达事物是有局限性的，有句话说，人类 90% 的争论都是名词之争。其实是有道理的，人类语言是一种编码系统，可能已经有了 7000 年左右的历史。人类社会知识现在越来越庞杂，想要用旧工具来解决新问题，平面编码语言已经是有些勉为其难了。

抽象的东西需要视觉化思维进行呈现，做不到这点就无法进行传播。对于复杂系统的表达，人类碰到了“一说就错”的尴尬状态。

其他动物，比如蜜蜂和黑猩猩所使用的交流系统都是封闭系统，这个系统里的“语言”表意简单，是无法表达和传递思想的。而人类语言则不同，没有上限且富有创造性，允许人类从有限元素中产生大量话语，并创造新的词语和句子。这是因为人类语言是一种对偶码，语言当中有限数量的元素本身并没有意义（如声音、文字和手势），但意义的组合（包括词语和句子）是无限量的，有限的元素和无限的意义相结合即可产生无限的人类语言。

思维在控制语言表达的同时，语言也在影响着思维。研究发现，母语的特点能够影响人们的认知能力和思维结构。美国哥伦比亚大学的彼得·戈登教授和团队开展了一项语言学研究。他们深入巴西亚马孙河流域的一个原始部落，调查那里的语言系统。研究者很快发现，在这个原始部落居民的母语中，只有“1”“2”以及“许多”这几个词来表示数字，因此他们很难辨认 3 以上的数字及相关的延伸意义。

研究者拿出数量不同的各种小物件摆在地上，然后让部落居民模仿这个行为。结果，当只有一两件物品的时候，部落居民能够轻松完成模仿任务，可一旦物品数量增加，他们就会出现不少错误。在接下来的其他针对数字所设计的实验中，遇到计数，部落居民就会显得很吃力。由此可见，母语中计数词汇的缺乏，影响了语言使用者的认知能力。

人们满足于语言这种沟通工具，在 AR 技术概念提出来之后，就引起了语言学家的高度重视。最佳的语言系统就是重现或者用世界呈现描绘的场景。

这些语言学者认为，人类的语言系统仍然存在局限性，语音描述的方式是线性的，每次沟通的信息损失很大。随着语音的积累，传达的信息却在不断衰减，也就是我们常说的“听了后边的，忘了前边的”。

受每个人理解力和表达力的影响，语言还难以表达需要精准描述细节的具体事物。语言表达是对现实世界某个场景的信息压缩编码，每一个交流者都是解码人，在解码过程中，对于信息的解码，会有无数种不同的曲解。而由曲解中就可能产生误解，人类的很多文化冲突甚至战争，都是因为编码语言的局限性造成了认知偏差。

图像和符号有效地补充了语言的这个缺陷，平面的图像能够表达不同事物之间的结构关系，比如拓扑结构的表达，如果不借助于图像的表达，那么就很难被理解。

人类已经面临着越来越复杂的技术系统，我们对复杂系统的掌控能力却在下降，其实人类早就期待一场沟通革命了，只是技术一直在发展，但并没有达到成熟的地步。在眼前呈现复杂系统的能力，对于人类的沟通方式来说，是一次飞跃。

AR 是人类沟通技术的集大成者，不仅符号、文字和图像等二维表达能够借助 AR 技术来呈现，关键是在三维空间里，甚至虚拟的思维空间里，全面模拟现实世界。这将使得人类的沟通方式从二维过渡到三维甚至四维。AR 向下兼容所有的沟通技术，也能够面向未来很多年，提供新的完整的沟通方案。

每一次技术革命的背后都是社会革命。AR 也将给我们的生活带来革命性的变化。随着微软、谷歌、苹果等头部公司入场，移动设备中的对 AR 功能的需求将出现一轮激增，支持 AR 的智能手机会继续担当日常消费者体验 AR 的最简单的接入点。截至 2018 年，配备 AR 功能的终端设备已经突破 6 亿台，

随着5G时代来临，这个数字还会继续呈指数级增长。

AR技术和商业的合作还会带来广告的升级，今后我们会在智能终端设备上看到更多的AR对象和横幅广告。AR可以为人们提供更个性化、更私密的了解商品的方法。AR还会赋能影像，目前AR技术在视频直播平台大热，人们可以用各种新奇有趣的方式装扮自己的视频和照片，在不久的将来，相关的应用程序会进一步围绕摄像头构建，逐步形成一个小生态。

在未来，AR会真正融入我们的生活，做到无缝对接。例如，你可以购买AR花束，用来替代真正的鲜花来装饰室内环境。这些AR鲜花既不用换水，也不用修剪，你可以每三分钟改变花的颜色或完全改变花形，而且它们永不凋谢。人们还可以选择数字AR宠物来代替真实的宠物，这只数字AR宠物，具有真实宠物的所有情感和外貌，但没有所有的喂养、清理和护理责任。这只宠物不仅会出现并且表现得像真的宠物一样，还可能是一只神奇动物，比如一只恐龙，或者是动物世界中的任何其他动物。

4. 关键技术：芯片、软件和视网膜光导模组

2016 年被称为 VR 产业化的元年，这一年开始，VR 产业链不断成熟，更多的优质内容不断涌现。

其实在这之前，这项技术已经经历了长达半个世纪的技术积累。20 世纪 80 年代，美国开始了军用现代仿真器的研究。这是 VR 从“虚拟”走向“现实”，从理论变为实体的关键时期。然而由于受到技术限制，导致 VR 仍处于原型机阶段，并且多作为军用。

尽管 3R 技术是一种极具市场吸引力的项目，但是在民用领域，遇到的技术阻力也是巨大的。在军用领域，对于技术要求和技术稳定性要求其实并不是最高的。但是一项技术要进入民用领域，就需要完美地接近零技术缺陷。

从 3R 技术系统来看，现在存在 3 个关键技术领域的集成，这 3 个关键技术是芯片、软件和视网膜光导模组。

按照技术的分化应用规律，因为 AR 是一种深度应用系统，所以需要专门设计应用芯片，华为将 AR 技术作为 5G 技术的战略应用，所以为此开发了完整的芯片技术系统。国际上，另一家知名的芯片设计企业高通在近年来也投入

大量的人力和物力进行开发，并且也拿出来专门用于VR/AR的专用芯片，在未来的3R生态中牢牢占据生态底座的地位。但在技术领域，华为无疑是极具竞争力的公司，华为已经推出了云VR/AR的整体技术解决方案。由于华为在光传输领域的独特领先技术，预计在芯片和生态领域最先获得革命性突破的不是高通，而是华为，因为华为具备更高的多种技术的整合能力。

现在的Windows系统和安卓系统对于超高品质的视频传输，支持VR/AR在工业场景中的应用，然而在软件支持层面还需要做更多的努力，不仅仅在操作系统领域，在模型生成领域也需要大量好用的软件支持，而这些事先都不可能完备，都是一边发展一边完善的。

AR显示光学领域需要更高的技术突破，看VR发展的历史，之所以出现几次技术热潮，然后又冷却，大体上都是因为整个技术体系还存在短板。8K高精度屏显技术和视网膜光导模组技术，将高清投影直接投射到人类的视网膜上，从而实现自然光场和投影光场的重叠，让二者合二为一，这种技术目前仍然在实验室之中。据专家预测，最先投入市场的应用技术，就是透明高清屏叠加影像，但这不是完美的解决方案。

简单回顾一下VR/AR技术历程，就能发现应用市场的探索早已开展将近20年了，但是距离民用却一直还有一段距离。

1994年，日本世嘉和任天堂陆续推出Sega VR-1和Virtual Boy等电子游戏产品，计算机和图形处理技术的进步为VR商业化奠定了基础，但大规模商用依然受到设备成本和内容应用的局限。

2012年，谷歌公司发布了谷歌眼镜，成功开启了新一轮的VR热潮。随后，其他科技巨头也迅速跟进，积极投身于VR技术的研发。

2016 年，VR 技术终于迎来大爆发，Facebook、三星、谷歌、索尼、HTC 等巨头筹备了数年的产品逐步投放市场，并逐渐渗入各个垂直行业应用，实现产业化发展。一时间，VR 热吸引了大批企业、资本涌入市场，更多不同层次的设备产品涌现，内容产业和技术支撑也得到了长足发展，用户规模也不断扩大。

在我国，VR 产业还处于起步阶段，产业链还在逐步完善，该领域目前不仅缺少巨型企业布局整体行业战略，更急需统一的行业标准。硬件设备方面，尽管研发及生产企业众多，但水平参差不齐，规格参数不统一。在系统搭建方面，只是依赖现有的 Windows、Android 等系统，没有专用系统。在应用内容方面，以游戏、影视为主，资源单一。在应用产品方面，只有少量成型产品，VR 商业消费度低且普及度不高。

短期内，VR 技术的开发还受到计算能力、网络传输速度、电池续航等多方面因素的制约，而这些问题都与用户体验密切相关。在技术门槛逐渐降低的当下，VR 创业团队更应该将重心放在内容资源的开发上。

AR 技术进入大众视野是在 2015 年，日本任天堂发布了一款名为《Pokémon Go》的 AR 手游，让人们第一次领略到虚拟与现实交互的震撼体验。

相较于 VR 商用路线在文化和娱乐行业探索，AR 则是较早地进入了汽车领域。AR 创建了一种新的信息呈现方式，这会深刻影响互联网数据构建、管理和呈现的方式，甚至改变互联网思维。尽管网络改变了信息收集、传输和获取的方式，但目前数据储存和呈现的方式——在 2D 屏幕上——仍有不少局限。它要求人们先在脑海中翻译 2D 信息，然后方能应用到 3D 世界中。AR 则是同时处理数字和物理信息，将数据信息投射到真实的物体和环境中，省去了两种

信息的翻译转换，节省了我们吸收知识和信息的时间，提升了决策和执行的速度甚至效率。

汽车搭载的 AR 设备就是一个很好的例证。以前在倒车时，司机都要时刻回头观察车后方的情况，或是借助另一个人指挥。而 AR 的倒车雷达，则是直接框出泊车位置的画面叠加到实际停车位的图像上。这大大减少了司机反复处理信息的负担，降低了人为指挥的干扰，从而让司机更快地完成停车的操作。

在中国市场，AR 手机普及度较高，支持 AR 功能的手机以 iPhone 为主，且用户量多达 2.43 亿人，是全球最大的市场。然而 AR 眼镜的市场接受度却并不高。

在技术应用上，AR 创业公司纷纷将业务重点瞄准 B 端市场，在产品营销展示、医疗、教育、电商、工业维修等行业初步得到应用；尤其在工业领域的应用，受到了市场的普遍认可。

巨头企业的带动作用对一个行业的发展起着至关重要的作用，百度、腾讯、阿里巴巴、京东、网易等公司已经进入软件技术研发领域，并且多数都以结合自身主营业务为主。比如，百度推出 VR/AR 搜索和 AR 地图导航；腾讯则通过 AR 开放平台免费为开发者提供识别、追踪、展现等基础技术；阿里巴巴和京东将 AR 技术应用于电子商务；网易的布局则主要集中在 AR 游戏。在硬件布局方面，国内巨头们以资本投资为主，投资方向各有不同。腾讯和京东投资的公司类型主要是硬件 AR 眼镜，阿里巴巴在显示技术和 AR 眼镜两方面同时投资，而百度投资收购的公司侧重于人工智能、自动驾驶及显示技术，与其自身业务关系更为密切。

目前，硬件产品研发力度不足和 AR 基本技术难以实现突破这两大原因整体制约了行业发展。一方面，AR 眼镜价格贵，容易引起眩晕，长时间佩戴不舒适等问题导致产品普及度不高。另一方面，国内缺少 AR 核心技术的专利，尤其是运算硬件核心环节布局薄弱，专利分布比较分散，难以发挥技术集中的优势。

值得期待的是，由于国内智能手机用户群体庞大，且随着苹果公司将于 2020 年推出智能眼镜，AR 市场的潜在消费人群很可能被激活。而对于本土 AR 创业公司来说，应该积极寻求巨头企业的投资，满足其落地需求，同时探索更多的应用场景和市场渠道，为未来拓展市场打下基础。

5. 中国人的 AR 努力和企业机遇

中国人对于新技术产品接受程度是全球最高的，由于人们很少关注科技产品对于传统生活方式的负面影响，所以对于新技术带来的新体验都欣然接受。以手机市场为例，并不是手机坏了才会换手机，而是因为追求新功能的拓展而购买新型的产品。这种需求其实也在推动手机产品不断地迭代性能，这种需求的逼迫，也推动了中国在手机领域的技术创新。

3R 技术和手机技术领域具备高度的重叠性，中国手机制造业是很强大的，用手机生产线来制造 AR 产品，根本就不需要进行技术改造。预计在 VR/AR 时代到来之后，中国依然是这些新技术产品的硬件制造中心。

2019 年上半年，随着 5G 商用倒计时，AR 在躁动的市场中变得炙手可热。在 AR 领域获得投资最多的就要数 AR 硬件技术类的公司，国内的灵犀微光、亮风台、宜视智能、惠牛科技均获得了投资。这 4 家公司分别位于北京、上海、苏州和深圳，都是位于国内汇集科技人才、产业资源和政策优惠的城市。

2019 年初，VR/AR 显示模组制造商深圳惠牛科技对外宣布，企业已完成数千万元 Pre-A 轮融资。其自主研发的"CA"系列 AR 光学产品已于 2018 年

Q2 季度启动量产，并于 2018 年 7 月开始批量出货。其第二代 AR 产品衍射光波导显示模组样机将于年内问世。

紧接着，苏州宜视智能科技公司宣布完成千万级天使轮融资，融资后公司估值将达到 8000 万元。宜视智能成立于 2018 年，是一家专注于人工智能及 AR 技术的初创公司，其核心产品“智能助视 AR 眼镜”，利用 AR 技术，帮助低视力人群看清楚原本看不到或看不清的东西，这款眼镜定位智能穿戴，重量不足 100 克，集合了 1200 万分辨率摄像镜头、1024 像素 ×768 像素显示模块、以及 TypeC 接口，能够实现文字放大阅读以及语音输入。

国内厂商亮风台在 2019 年 5 月获得 1.2 亿元 B+ 轮融资，B 轮累计融资已达 2.2 亿元。这轮融资将主要用于公司产品和服务的进一步商业化落地。2016 年起，亮风台相继与腾讯、阿里、华为、京东等互联网巨头建立 AR 合作关系，推出的产品包括 HiAR 技术基础平台、HiLeia 通信平台、AR 智能眼镜 HiAR Glasses，目前已在工业、公共安全 、教育、营销等行业落地。

2019 年 5 月，国内 AR 光波导制造商灵犀微光也宣布获得数千万 A+ 轮融资，其研发产品主要为 AR 眼镜的光波导显示模组，比普通近视镜片更薄，重量仅 11.5 克。本轮融资后，灵犀微光将加速光波导模组的大规模量产进程。

亮风台的创始人廖春元来自云南昭通，18 岁那年考上清华大学电子计算机系。在实验室里，他第一次接触到 AR 技术，看到静态的画面“活”了起来，廖春元感觉像是开启了新世界的大门，从此一头扎进增强现实领域的研究中去。清华大学毕业后，廖春元选择了出国深造，他不仅考上了美国马里兰大学的博士，毕业后还在硅谷富士施乐研究院担任研究员。在同行看来，廖春元已经到达了专业的顶峰，但是工作多年后，他认为这种安逸平凡的日子已经背

离了自己的增强现实技术梦，于是和几位好友一商量，毅然决定回国创业。

廖春元说：“风险是什么？风险不是放弃眼前的安逸，而是放弃一生中可能只有一次的机会！”

2012 年，廖春元用了不到 3 个月的时间成立亮风台，开始积极投身到 AR 技术的研发中去。创立多年，亮风台已经成长为一家以技术为驱动，专注于增强现实行业服务的人工智能公司。公司的合作伙伴名单上，有着腾讯、阿里、百度、华为、美图、OPPO、汽车之家、中联重科、中国国家博物馆等数百家知名企业与机构，涵盖互联网、教育、工业、旅游、营销等众多领域，覆盖用户超过 10 亿人。

廖春元和合伙人们坚持“端云一体”的战略理念，推出 AR 行业首个 SaaS 模式的企业级云服务平台 HiAR，并在 2015 年于国内首家发布 AR 智能眼镜 HiAR Glasses，该产品搭载有高性能的处理器，可适用于工业、教育、医疗等众多领域。

廖春元说：“看见看不见，这就是 AR；敢做不可能，这就是 AR 人。”他和他的团队用实际行动和落地案例证明冒险精神的可贵。

同样也是专注 AR 眼镜，宜视智能的研发方向则侧重于改善低视力人群的“视”界。“利用 AR 技术帮助低视力人群看清楚原本看不到或看不清的东西。”宜视智能创始人兼 CEO 高飞表示，这一功能和 AR 技术的理念不谋而合。

高飞毕业于英国伯明翰大学计算机工程专业，先后就职于华为、微软、芯原微电子公司，在图像算法方面有着自己独到的理解与运用。2018 年，他创立了宜视智能科技（苏州）有限公司，这是一家定位于人工智能及 AR 技术领域的高科技创业公司，它在 AR 智能眼镜硬件设计、自然视觉算法、OCR 文

字识别、TTS 及语音识别、SLAM、图像识别及跟踪算法等领域完成了技术储备和多项专利布局。这支年轻的团队在 2019 年初即获得千万级天使轮融资，用于将智能助视 AR 眼镜投入量产。

然而量产不易，科技圈谈及的量产与传统工业界的量产，是完全不同的概念。很多硬件大厂都遭遇过公布了产品设计方案，然而几年过去，却依然难以实现量产的尴尬境遇。

“在科技行业，把前所未有的技术和产品量产，是极少数人才会去做的事，但这是极有价值的。”灵犀微光创始人兼 CEO 郑昱解释道。2014 年底，灵犀微光正式成立，专注打造光学引擎，研发方向锁定在未来或将成为主流 AR 底层技术的光波导方案。在郑昱的带领下，灵犀微光仅用了 4 年的时间，就实现了从零到十万片级的量产。

回忆起团队为了第一代光学引擎探索、迭代的日子，郑昱说：“研究 demo 那段时间，‘难’并不是最深切的感受。可能外界觉得做好很难，前景堪忧，但对我们来说，当时只是问题本身的牵引就足够全力以赴。”

当时国内 AR 行业刚刚起步，很多 AR 眼镜厂商依然在研发阶段，但郑昱对光波导提出了严苛的产品技术标准，不断要求提高显示效果、精度等。因为这样的问题必须在研发阶段消除掉，否则上万片做出来都要报废。就在团队反复推翻方案、打磨设计的时候，郑昱灵光乍现，突破了传统光学思维，换了个角度来思考问题。“我们在技术层面解决了光波导方案固有明暗条纹的业界难题，”郑昱说，“就不再需要精确对准这件事了。”于是，4 年的技术攻坚战终于画上句号，灵犀微光率先实现了十万片量级的产能。

灵犀微光凭借自主研发和创新力，已铸就自己的技术壁垒，并向世界顶

尖的光学引擎制造商迈进。郑昱为公司定下了 3 年内占据 90% 市场份额的目标。“更远的话，我们希望作为一家科技创新公司，做更多的技术创新工作并把它普及开来，贡献出改变世界的力量。”

国内的 AR 领域投资风头正盛，资本在 AR 领域的投资非常均衡，从上游到下游皆有覆盖，AR 市场的产业链也正在逐步完善中。AR 的终端设备并不像 VR 领域那样已经被普遍认识，用户目前还停留在手机 AR 上。然而现在有越来越多结合手机的 AR 头显终端设备出现，且随着 5G 时代的来临，全球超过 35 亿部智能手机的用户都是 AR 设备的潜在市场，AR 很可能迎来更大的技术变革和更多的市场机遇。

6. 期待 AR 统一平台

我们已经进入“软件定义硬件”的时代，VR/AR 技术系统非常庞大，在上游需要一个技术标准，也需要构建一个技术生态。

中国在软件技术生态领域是一个弱项，原因在于市场发育晚，产生了后发的劣势。和制造机械不同，技术是一步一步改进过来的。这是一个正的金字塔的结构，比如我们在机床领域，就是逐步从低端走向高端的，现在基本已经和发达国家处于同一个水平，如果说差距的话，主要还是在软件领域。

软件技术生态是一个倒金字塔的结构，只有在做到使用最广泛、系统最优秀的时候，才有可能建立一种行业领先地位。行业第二很难生存，或者只占到极小的市场份额。

其实在 VR/AR 领域，中国确实存在替代性的机会。从 1G 到 4G，是通信业的革命，从 4G 到 5G，则不仅仅是一种通信技术革命，其实也是智能社会的革命。下一代操作系统和前面的 Windows 系统、安卓系统、苹果 OS 系统不同，下一代操作系统包含了大量物联网时代的新需求，也包含了基于云计算的特殊需求。这种新需求，要是在原来操作系统的基础上改进而来，是很吃力的。华

为的鸿蒙系统是从工业端先导入应用，这是在打击其他操作系统的薄弱环节，这是他们的侧翼，恰恰就是华为的机会。

人类从手机系统中跳出来，需要新的更加智能化和基于人机工程学的操作系统。以 AR 眼镜为例，制造商更想要的是一种可以扩展功能的操作系统。现在的 AR 设备主要依靠 Windows、安卓等现有系统，这些操作系统并不能让 AR 的价值完全发挥出来，AR 应该拥有一款原生的操作系统。

要设计一款 AR 原生操作系统，需要完成两大部分，一是应用程序，二是标签。应用程序类似于我们熟悉的手机 APP，用户在使用时启动它，它们可以准确定位，支持多任务切换，并且将一直保持开启状态直到被关闭。标签更像是自动运行的应用程序，它们不断地寻找特定的环境或对象，把这些事物标注给用户看。

现有的操作系统和 AR 眼镜不匹配的地方在于，用户启动任务后，要一直给它下指令，直到把它关闭或暂停。因为 AR UI 是持续可见的，会与用户正在执行的实际物理任务共享同一个空间：比如，在切菜的时候，如果一排图标浮现在你眼前，那就会严重干扰你的操作。

AR 操作系统的“主屏幕”是基于环境的，它需要积极地与世界互动，而不是一直被动等待，大多数设备上的体验都不是作为独立的任务来完成整个展示，而是作为应用程序或标签显示在周围。

AR 能够自然地捕捉我们所处环境中的任务和信息，前提是要通过特定的 APP，而这种专属的 APP 属于品牌制作，除了逛同一家店铺时能用到，在生活中并没有其他功能。

AR 操作系统需要管理用户的资源，就像管理设备本身的资源一样，这需要一些非常谨慎的、有同理心的用户体验设计。注意力需要被当作一种有限的资源来管理，并与现实世界的需求相平衡。物理空间也需要被仔细管理，以确保 AR 操作系统总是易于理解的。

开发 PC 操作系统和移动操作系统并不是同一家企业，每一个企业都有自己的发展基因，下一代操作系统也许不是谷歌和苹果公司，而是另外的企业。

7. 硬件：大视场角、高分辨率、超薄、低价

未来几年，成熟的 AR 产品就会进入具体的应用市场。对于应用来说，一般可能在大文娱和教育领域首先被市场接受，并且形成规模市场。

众所周知，游戏领域对于硬件的需求是无止境的。以 PC 市场为例，现代大部分 PC 都能够解决办公和学习需求，但是在游戏领域，对于软硬件性能的需求是强烈的，尤其值得注意的是很多高端 PC 的购买者和资深游戏者是高度重叠的。

AR 技术同样会面对 PC 和手机游戏者的需求，他们会要求供给者提供更加高性能的产品，提供更加逼真的体验，并且愿意为这些产品和体验付费，这些都是推动市场进一步发展的动力。

现在看来，我们预测 AR 技术产品的发展方向，需要 4 个大的技术进步，才能够满足这些发烧友的需求。这 4 个指标分别是大视场角、高分辨率、超薄、低价。其中，低价是一个比较硬的指标，价格需要和大疆无人机一样，只有价格亲民，才能够从特殊垂直市场变成全民需求。

AR 可以让现实世界变得更有趣、更高效，还可以带来更丰富的信息。我

们可以通过想象来设想一款外形很酷的可穿戴式 AR 眼镜。

这款 AR 眼镜有专属的应用，能够提供一种更强大的、身临其境的体验。用户在佩戴 AR 眼镜时，看到的图像和图形飘浮在视野前方，和现实中的场景融为一体，比起在手机显示屏上看逼真很多倍。这种视觉效果在游戏画面的表现上来说可谓得心应手，我们能看到小型战舰在客厅的家具周围巡航，飞机从房顶上俯冲下来攻击。当然如果你是职业赛车、滑雪选手，可以从嵌入头盔的 AR 眼镜中看到自己当前的速度、心率、跑道位置、剩余燃料等关键信息。而如果你是仓储工作人员，AR 眼镜可以帮你快速找到指定的存储位置，或是使你能立即确认是否从库存中取出了正确的物品。

为了方便日常使用，AR 眼镜必须拥有舒适的佩戴效果，还要有合适的续航和性能平衡。其中显示子系统直接关系到 AR 呈现出的事物是否逼真。为了实现低功耗、高亮度、高对比度，产品设计会充分考虑软件和硬件等各方面因素。

为实现体积和重量的小巧轻便，AR 眼镜显示子系统的功耗就要低。AR 显示器功耗的关键决定因素是其光学效率，即从照明光源进入眼睛的光线量。如果设计的光学效率不高，通常需要加大产品尺寸来增加电池容量，或者降低显示器的亮度以适应有限的电池容量。高光学效率的显示器为开发人员提供了更大的灵活性，可根据在 AR 眼镜上运行应用的特定要求来优化设计。

AR 显示器的亮度是用户体验好坏的关键因素。如果亮度有限，那么在背景环境上可能很难显示出明显的内容，这就要求在户外使用眼镜时，显示器的输出必须非常明亮，才能使内容清晰可见。

高对比度将使内容非常丰富，也可以让用户感到更加身临其境。另外，

单个像素能成为真正黑色的能力在AR眼镜中是至关重要的，因为黑色像素对佩戴者来说是透明的。如果这些像素不是真正的黑色，而是灰色的阴影时，佩戴者将会看到一个既不真实而且令人分心的灰色背景，勾勒出眼镜的显示区域。

8. 外围：超视觉＋味觉＋声音＋触感

超视觉指的是 AR 透视、放大、缩小。人类可以直观看到分子的化学反应，直接观察微观世界和超微观世界。未来世界的技术哲学是小，这个世界的技术本质是超微观决定微观，微观决定宏观。人类使用 AR，实现视觉延伸，看到本来看不到的东西，将有利于推动微观技术领域的创新。

超视觉还有一个重要的感知能力，就是人们对于光波的感受能力会得到增强，比如紫外线感知，我们戴上设备就能够感受到阳光中的紫外线的强度，对于爱美的女士而言，这是一个很有吸引力的需求。

在红外线感知上，同样也会有大量的需求，很多职业都需要在低能照度的环境下工作，如果用户能够直接感受到红外线，那么就能够将黑夜变成白天，对于很多从事特殊职业的用户来说，这是一项非常重要的功能。

2018 年一项在 AR 中融合了手部追踪技术和 3D 动作识别技术上线，运用智能手机的 RGB 摄像头和计算机视觉深度学习技术，可以追踪到全手的骨骼动态。uSens 的联合创始人兼 CEO 何安莉说："这项技术可以为智能手机用户提供更具吸引力和更富娱乐性的体验，它让操作更加直观——只需用双手和手

指在空中滑动即可。”

除了超视觉，AR 还可以给体验增加味觉，有两种方式。一种是在穿戴设备上留有接口，后期链接气味模块、散热模块，以这个解决方案为主的气味发生器已经成功融资 60 万元。其本身的气味模拟技术已经能做到非常逼真的效果了。一个模块里会划分出许多相对独立的空间来存储不同的气味，或者用多个小的模块组合成一个大的模块来使用，根据需要用程序来控制气味的切换和释放。这种模块化的产品对于实现虚拟现实中的气味是一个比较大的突破。

另一种是将食物的外观进行图像转换，之后利用 AR 将这个图片叠加到真实图片上，从视觉上来引起味觉上的错觉。首先是从视频透视型头盔显示器（HTC VIVE Pro）的前置摄像头获取 RGB 图像，然后将其发送到服务器。服务器端将所获图像中心切割出来，再将其转换为另一个食物图像。图像转换后，最后将转换的图像叠加到真实图像上去。因为是在一定程度上保持原始食物视觉特性的同时进行调整，从而在转换后能产生更自然的错觉 。比如，吃面的时候，可以把素面变成拉面、炒面等各种各样的面，从而让体验者在吃一种食物的时候，体验到一种仿佛在吃另一种食物的味觉幻觉。

语音是人工智能时代的操作系统。人类用声音来交流和控制已经发展了数百万年。现在语音成为控制 AR 界面的主要手段。大部分的请求都可以借助语音来实现。

2018 年，Vuzix 推出了第一款集成有 Alexa 语音助手的 AR 眼镜。用户可以向 Alexa 提问，随后镜片上的显示屏便可显示问题的答案和结果。譬如用户在询问方向之后，显示屏便可为增强现实屏幕上描绘出地图和路线。

在 VR/AR 设备中，除了语音，手势识别也可能成为提升体验的交互方式。

手势识别技术可分为二维手型识别、二维手势识别、三维手势识别三大类。

二维手型识别，也可称为静态二维手势识别，识别的是手势中最简单的一类。这种技术在获取二维信息输入之后，可以识别几个静态的手势，比如握拳或者五指张开。“静态”是这种二维手势识别技术的重要特征，这种技术只能识别手势的“状态”，而不能感知手势的“持续变化”。它只可以识别预设好的状态，拓展性差，控制感很弱，用户只能实现最基础的人机交互功能。比如，我们在吃饭的时候，做一个手势，AR 设备就能调出我们收藏的电视节目。

二维手势识别，比起二维手型识别来说稍难一些，这种技术不仅可以识别手型，还可以识别一些简单的二维手势动作，比如对着摄像头挥挥手。二维手势识别拥有了动态的特征，可以追踪手势的运动，进而识别将手势和手部运动结合在一起的复杂动作。这样一来，我们不仅可以通过手势来控制计算机播放、暂停，还可以实现前进、后退、向上翻页和向下滚动这些需要二维坐标变更信息的复杂操作。

三维手势识别需要的输入是包含有深度的信息，可以识别各种手型、手势和动作，从而实现更加复杂的手势控制，提升交互的体验感。

9. 技术史上最大的技术革命

虚拟引擎之父 Tim Sweeney 说："VR/AR 可能是技术史最大的技术革命。" VR/AR 技术不仅活跃在娱乐休闲领域，还影响着众多垂直领域，渗透到我们生活的方方面面。新技术的诞生与普及更新了人们的世界观，产生了新的经济增长点，有望带动全球经济进一步发展。

人们普遍认为，5G 技术将引发第四次工业革命，这一次，人们不再围绕机械、材料等现实物体，而是在信息技术、软件编程等领域展开角逐。

每一次工业革命都会出现一个或是几个"牵一发而动全身"的颠覆式技术创新，比如历史上的蒸汽机、铁路、电力开发、内燃机和汽车、飞机、无线电、电视、计算机。"第四次工业革命"中的核心技术又是什么？5G、物联网、人工智能、VR/AR……这一次可谓是候选者众多，在最终分出胜负之前，我们并不能给出定论。就像各国这一次展开第四次工业革命中心的角逐一样，不到最后一刻，尚不知鹿死谁手。

每个国家、每个大企业都在积极布局此次技术革命，因为这一次重新洗牌，决定了今后哪一行业将作为核心产业崛起，哪一国将成为新的科技创新

与经济中心。甚至，某一个核心元件、某一项核心技术的创新，就会带来整个产业链的重组，从而使得生产或研发中心在全球范围内的迁移和利益的重新分配。4G 时代，我们已经见识过从微软、谷歌到 Facebook、阿里巴巴的重心转移；看到了线下零售巨头到跨国电子商务平台的变迁；从诺基亚、摩托罗拉到 iPhone；从柯达到佳能和尼康，无一不透露出这种转移的迅速以及重新划分市场后成倍增长的利益。

就人类历史来看，重大技术变迁最终会重塑世界历史和国际政治。2006 年初，中国召开了全国科技大会，这次会议对技术创新的基调与以往的技术政策有很大的不同。在这次会议上，中国政府开始强调走中国特色的自主创新道路，建设创新型国家。十几年来，中国在技术领域取得了巨大的成就，也就是说中国在日益崛起。在新一轮权力转移时期，维护国家主权和国际安全的考虑是驱使中国政府做出自主创新决定的重要动力。当前中美技术政策的走向也预示了未来重大技术变迁的端倪，双方技术竞争会远远大于技术合作。

我们可以做出这样的判断：随着中国经济进一步发展，中国经济总量日益逼近美国，中美竞争会进一步加剧。权力转移时期的国际竞争会促使中国政府加大对技术自主性的诉求；中国政府会相应加大对科学技术的支持与干预；中国的军事技术会迈上一个新台阶；中国对基础科学、人力资本的投入会持续增加；在以后的一段时间里，中国会发生更显著的科学技术发展变化。世界政治领域的新一轮权力变迁将拉动中美双方新一轮的技术竞争。

技术革新会带来商业模式的转变，比如汽车厂商将迎来新的销售趋势，他们不再单纯依靠销售汽车，而是考虑联合共享经济，满足这一部分的汽车需求。汽车部件方面，传感器、VR/AR、物联网、人工智能的接入升级了安全性和产品性能，将成为汽车行业重要的技术增长和需求拉动。

大规模的数字技术发展带来了下一轮的工业革命，同时也在影响着人际关系。这场革命的新基础框架是一种将人和物互联，呈现“万物智联”的全新状态，其中首要的就是生产商和消费者之间的关系变得更紧密了。对于企业而言，这是促使传统企业转型升级的良好契机。比如，服装公司可以通过建立零售店和工厂之间的对接，迅速将顾客喜好转化为新的服装设计，缩短工厂到顾客的链条，从而更快地实现经济利益。

在新的技术革命面前，创新将变得空前活跃，企业也将释放足够的创新能力。广泛招募参与者，包括那些与企业平台有关联的组织。工业互联网中的大部分技术不仅是跨职能的，更是跨行业的。当整个价值链和客户生态系统能够被集成和转化，创新将有迹可循。

新技术的大规模铺展还将影响融资模式，制造企业将借鉴硅谷，更多地通过股权资本和风险投资进行融资，这些资金将用于产品研发和生产从而推动行业发展。亚马逊通过股市筹资等创新融资方式推进了云计算和仓库存储革新。通用电气则凭借公司实力和项目说服力从管理层那里融资。

最后，VR/AR 技术会带来各国军事实力的消长。相较于其他广泛应用于民用领域的技术，AR 技术在武装部队中的进一步应用则会更集中和明显，这包括信息共享、通信、态势感知和数字定位，甚至在战斗情况下识别朋友或敌人等新的科技作战方式。据报告显示，到 2025 年，军事 AR 市场将达到 17.9 亿美元。

从 2012 年美军就开始利用专属的 VR 硬件和软件进行模拟训练，包括战争训练和军医培训。美国国防部正在大力投资 AR 技术，用来装备武装部队，使其能够在没有任何手持 GPS 定位器的情况下进行导航，让士兵能够在一个方向上同时观察不同角度的武器。

国内，早在“863”“973”计划中就有了虚拟现实的初步研究，其整合后的“国家重点研发计划”更是将原有的虚拟现实研发规模翻上了数倍。目前，已公开的有解放军利用 VR 技术来训练伞兵。跳伞员可以通过 VR 眼镜中的第一视角配合软件模拟跳伞。在此过程中，跳伞员可以根据自己在空中的真实情况，来不断感受并调整空中姿态。这些应用推动了涉及军工的 VR/AR 技术发展，为其行业内部技术创新提供了关键动力。

第二章 AI＋AR

1. 云计算和云 AR

未来，个人大规模计算不是在我们的随身设备中完成的，而是在计算中心完成的，这就是云计算，如果云计算的终端应用恰好是 AR 的话，那就是云 AR。

众所周知，AR 系统是将虚拟的信息应用到真实世界，真实的环境和虚拟的物体实时地叠加到了同一个画面进行展示。对于 AR 应用来说，在现实世界的功能性极强，最直观的便是对我们视觉上的增强运用。

人工智能在视觉上的运用，很大程度上改变着我们的生活。无人驾驶汽车在很多年前问世，一时间引起了很大的关注，对于人们来说，无人驾驶汽车是对传统驾驶领域的一种挑战。我们熟知的交通驾驶行为，都是人为操控，即便是在科技发达的今天，人们依旧是人为操控汽车。而无人驾驶汽车在驾驶上，极大地依赖智能视觉，依靠视觉传感器平台——相机的使用，以及比 GPS 更精确的 LIDAR（激光雷达）和高精度无线电导航。在这些基础上，视觉的增强和雷达的高效运用，让汽车能够实现无人驾驶。

无人驾驶技术离我们普通人的生活尚且有一段距离，但 AR 视觉影像技术则早已遍布城市的角落进入到我们生活的各方面了。AR 虚拟仿真技术的运用，让我们通过工具看到了更多的不可能性，也正因为如此，才创造了很多现实的奇迹。不少 AR 技术运用在电影、游戏以及各种活动上，我们能看到原本是虚拟中的事物出现在眼前，仿佛是真的一般。在北京鸟巢活动馆，曾举办了英雄联盟 S7 总决赛，当时鸟巢上空出现远古巨龙，便是利用 AR 技术进行的智能运用。

云计算的出现是时代的产物，电子技术和科技的发展不断推动着新事物的出生。随着传统应用的复杂度加深，很多应用需要去支持更多的用户，与之而来的便是超负荷的后台计算，加上现在网络安全的需求，都让云计算应运而生。

为了解决企业和用户的问题，并减少庞大的数据统计和后台整合流程，便将应用部署到云端，如此一来可以不必再关注那些令人头疼的硬件和软件问题。复杂的后台计算以及整合都会由云服务提供商的专业团队去解决。也就是说，企业和用户使用的是共享的硬件，这意味着像使用一个工具一样去利用云服务。

现如今很多的企业都在运用云计算，这是时代的必然选择，为了不断地满足客户的需求，不断地让自身的产品向前发展，云计算都是企业不得不重点关注的项目，更何况云计算的功能性是满足众多客户需求的保障。

首先，云计算的安全性是很多企业和用户最关心的，对于一个企业来说，后台的安全稳定是正常运行的基本保障，而云计算的安全以及专业团队的支持都保障了用户对网络安全的要求。我们熟知的阿里云、腾讯云、微软以及 AWS 等公司都在云计算方面做了很大的投入。

随着网络安全成为所有企业或个人创业者必须面对的问题，加上各个企业的 IT 团队或个人很难应对那些来自网络的恶意攻击，所以使用云服务是最便利的选择，以上提到的云计算大公司，它们的人才资源以及科技经济实力都是有保障的，这也让其他的企业和个人对自己的网络安全更加放心。

其次，云计算的大规模以及分布式特点，很大程度上保障了用户的计算能力和使用舒适度。举个最简单的例子来说，不少人在“双 11”抢购的时候，最容易感受到云计算的存在，没错，就是那所谓的“一秒没”时间，你能清晰地感受到网页的变化，以及后台结算的速度。在同一时间，上千万的人跟你一起进入一个网页，然后一起按下了选择键，而此时在我们看不见的地方，云计算真真正正地展现着它们的实力，庞大的数据网和媒体链接，以及应对的数据调动和计算，都在海量地计算中。随着数据的输入和输出，用户看到的是结果，商家看到的是数据，而在背后支撑的就是云计算的团队技术。如此大规模的操作，绝对不是普通的网络计算可以办到的，这也就是很多公司为什么选择云计算的原因之一。依靠这些分布式的服务器所构建起来的“云”，能够为使用者提供前所未有的计算能力。

最后，云计算本身是采用虚拟化技术，用户并不需要关注具体的硬件实体。他们只需要选择一家云服务提供商，根据步骤去注册自己的账号，然后登录到云控制台，去购买和配置你需要的服务，比如云服务器、云存储和 CDN 等。最后再为你的应用做一些简单的配置之后，你就可以让你的应用对外服务了。简单的操作，加上实际的保障，都让云计算的发展和运用看到了未来。除此之外，企业和用户能够随时随地通过 PC 或移动设备来控制自己所属账号的后台资源，这就好像是云服务商为每一个用户都提供了一个 IDC 一样。

除此之外，云计算的高可用性和扩展性都让客户的良好体验不断增强，知名的云计算供应商一般会采用数据多副本容错、计算节点同构可互换等措施来保障服务的高可靠性。随着用户规模的增长和需求的提高，在拥有云服务的应用后台中，云计算服务商会有持续的对外服务，会根据用户的需求来对服务进行变动，这些都能极大地满足用户的需求。用户可以根据自己的需要来购买服务，甚至可以按使用量来进行精确计费，这在很大程度上会节省企业的成本，另外“云”的规模可以动态伸缩，来满足应用和用户规模增长的需要。整体的资源利用率将会得到明显的改善，这也得益于云计算的按需服务。

云计算对于我们来说，很多时候是看不见摸不着的，我们直接在产品和服务中找到自己所需的东西，并不是太在意过程。使用一款软件的时候，我们在软件中进行搜索，然后去选择自己想要看到的信息，但是在搜索的过程中，我们并不知道其实是连接在云端的服务器正进行着大量而高速的运算。正如在使用谷歌搜索图文资料的时候，输入简单的信息，在进度条前进之后，我们就会看到更多的信息，包括与之相关联的文本信息、图片信息，还有周边的互动信息，我们都能找到。而支持我们搜索的，正是谷歌的云计算系统，在庞大的数据和信息检索中，服务器进行着海量的运算，之后才把结果呈现在我们眼前。

总而言之，正是因为云计算的存在，才让我们能在很短的时间内获取到更好的体验，特别是在互联网技术发达的今天，我们在网络上得到的很多信息，都是依靠着庞大的互联网络，而这庞大的网络背后支撑着的正是云计算。

2.AI 是人和智能社会的融合界面

社会一直在进步，科技的发展几乎是争分夺秒地进行着，人类作为智慧体，在进化中不断创造着奇迹。很多时候，我们惊喜着人类创造出来的社会，但是更多的时候社会也在不断地淘汰那些不思进取的人。

我们所处的社会是一个科技化和智能化的社会，人工智能的存在为我们的生活提供更多的便利。人工智能是指通过普通计算机程序来呈现人类智能的技术，也就是我们口中的AI，很多教材中，对于人工智能的定义多是“智能主体的研究与设计”，智能主体指一个可以观察周遭环境并做出行动以达到目标的系统。

约翰·麦卡锡在1955年对人工智能下过一个定义，说它是“制造智能机器的科学与工程”。之后安德里亚斯·卡普兰和迈克尔·海恩莱因将人工智能定义为“系统正确解释外部数据，从这些数据中学习，并利用这些知识通过灵活适应实现特定目标和任务的能力”。当人工智能在很大的程度上影响并改变着我们的生活时，我们就必须看到其中隐藏的秘密。

韦青老师出过一本书《万物重构》，他是微软（中国）的首席技术官，也是业界大名鼎鼎的技术大咖。作为互联网领域顶级专家，韦青老师在微软和其他世界一流企业中观察了很多，丰富的从业经验，加上多年的新的体验，也就让《万物重构》面世了，书中的思想和对人工智能的理解，让我们对所处的社会有着更深入的认识。

智能社会中有着太多的规则，人们需要遵守规则，同时也在不断地创造规则。与此同时，我们更要看到一个智能社会的整体图景，要在现代智能社会中成功地站住脚，并且成为智能社会的引领者，人们需要做的还有很多。

在《万物重构》中，韦青老师有一个这样的观点，在智能社会中，只有极少数人能够通过主动学习，使用智能机器工具，和机器一起获得成就。未来社会只对 2% 的人完全敞开大门，98% 的人则面临一种无聊的没有价值创造的局面。智能社会的财富分配不是80/20定律，而是2/98定律。面对这样的论述，或许很多人觉得有点夸大其词，但是我们在身边却总是见到明显的例子。在我们身边那些过着风光生活的人们，大多数都是精英分子，他们在思想上以及行为上，都有着过人之处。而在他们身上共同存在的一个特点，就是好学，他们不断在充实自己，不断在学习，不断在进步。

事实上，我们也清楚地知道，个人能力的大小在很多时候决定着未来的位置。当社会在科技中不断进步，那些廉价的劳动力以及和社会脱节的人都会慢慢落后，直到他们追赶不上新科技的发展，最终就会被新科技所淘汰。

当现代社会的技术已经变为一种生命体，它们在不断自我演进。我们会发现，身边的智能用品越来越便利，也越来越功能化，在功能化的同时，需要的是新的知识，新的知识便是对旧知识的颠覆，而我们为了更好地去适应生活和社会，就必须去学习。大数据正在和聪明的算法结合，变成智能社会的基础

架构，人需要学习和智能机器一起思考，才能创造和解决问题。

语言能力几乎是与生俱来的，但是现如今仅仅掌握自然语言已经远远不够，无论将汉语或者英语讲得有多好，人们都需要继续掌握机器语言，自然语言可以驱动人，机器语言可以驱动智能机器，二者不可偏颇。我们在接触新事物的时候，总是会有一段时间的不适应，因为我们需要改变之前的习惯，并且去适应新事物的习惯。正因如此，我们更加不能去排斥新事物，我们要知道这个时代的主旋律是深度融合，第四次工业革命的本质就是推动互联网、大数据、人工智能和实体经济深度融合，每一个人都是一个接口，我们必须用接口思维来面对世界。只有这样，才能避免被世界淘汰。

在这个每天都充斥着海量消息的社会中，信息和知识已经十分廉价，正因如此，人本身必须回归自己，终身学习已经不仅仅是放在嘴上的一句话，而是需要不断实践的行为。我们还必须拥有自己的批判性思维，在海量的信息中去选取更多更好的信息。过载的信息不会带来成功，选择已经成为其中最重要的一环。未来的商业竞争，人们必须有足够的思考能力去判断，而哲学可以让人在智能社会中拥有最后的尊严，人要有哲学思维，然后有科学思维，而后可以使用技术思维成就人生。

掌握机器智能和人脑智能的新型企业，能够从更高维度消灭固守旧思维的企业，而旧企业甚至感觉不到敌人在哪里，就面临被系统性消灭的危机。这是趋势，也是不可避免的。大数据是未来社会最有价值的资产，依靠云计算和互联网的发展，人们和企业都需要不断去改变，人们需要重新构建自己的财富观，无形资产所形成的智能财富，在未来是财富构成的绝对主导。尽管机器使用数字和智能成果，机器在生产，但是机器也在不断更新，新的技术和机器都在取代旧的，在这个时候，谁能够最大规模地推动机器创造，谁就能够成为智能社会中的主导者。

社会人在和智能社会的相处中，我们清楚地认识到自己的定位，也明白人工智能对我们的考验。也就是说，我们需要不断地进步，但是在这个过程中，我们还需要去利用人工智能。自身和人工智能的共同进步，才能让我们更好地去应对生活和工作。

我们需要在智能社会中，去洞悉人性。人工智能是不断接近人性化的，人性化的人工智能是推进科技和技术服务人类的前提，唯有了解人的需求，才能够创造性地满足他们。所以人们要利用好人工智能，更要去了解社会人。

在现代社会中，合作已经成为不能忽视的一项环节，任何一个小企业都是社会智能大协作的产物，只有人们不断地抓住协作的机会，并且去推进大规模协作，才能够抓住属于下一个时代的机会。人工智能的存在，是为了更好地服务人们去决策和计算，这就需要人们借助人工智能的能力，去积累更多的信息元素，然后实现敏捷开发，在汇聚事业所有元素之后，快速达成初始目标，并在目标基础上加速并且更新换代，来实现更加完美的一面。

企业需要发展，就需要保持最大的开放性，开放是要引入新的价值源泉，并在其间产生杰作，不仅是要对人们进行开放，更要开放地去接触人工智能，去接受更多的机会和新事物。

人工智能的存在，也是能够让简单的人抓住机会，去追求事物界面的简单极致，当人们善于调用最大的资源来维系这种简单极致时，就能更好地实现和智能社会的和谐相处。人们需要抛弃机械式思维，使用量子思维来迎接充满可能性机会的世界，在智能社会中，用概率思维来和世界共舞，智能机器会给

予概率的报表，人与智能机器协作，是这个时代的机会。想象力是人类思维的法宝，想象力和智能社会的结合，能够产生无数可体验的平行世界，这也正是人工智能能够发展至今的原因，因为它们承载的是人类的梦想，其间还有更多的是对未来的期望。

3. 叠加和混合现实，魔幻新世界

对于 AR 的应运而生，我们更多的是要看到对未来的希望。这么说，现在的你坐在电脑前，看着五光十色的屏幕，看着电视画面的变换，你是否能够接受再让你去看黑白电视。当然，你做不到。你已经享受到了高清、超清、蓝光极致画面的美好，怎么还能忍受黑白的画面。试想一下，你手里的手机突然成了按键的，无线网络全部成了移动数据的，而且还是 2G 的，你还能愉快地通过屏幕去看视频，去刷着你所要的信息吗？答案当然是不能，你做不到，你会崩溃。在人工智能发展的今天，你做不到回到基础的机械时代。这便是新世界和新科技的美好，放在更遥远的年代，那是那代人想都不敢想的。

互联网时代，我们享受着网络带来的便利生活。现如今网络运作已经成为全民思维，从刚开始的网上购物，到网络直播，到现在风靡全国的各种短视频 APP 应用，我们已经彻底和网络科技挂上了钩。现实和虚拟在某些方面的重叠，也在很大程度上对我们的生活进行了引导。我们靠着互联网生活、社交和工作，数据的交互、图文的变动和音像的交叉都需要在大数据的背景下去进行。互联网已经充斥在工作和生活的方方面面，衣食住行，我们很难

想象离开了互联网，会变成什么样子，但是我们唯一可以肯定的是，我们接受不了。

AR 的诞生，可以说是一场新的互联网革命，当然现在 AR 运用没有普及，一方面是技术的问题，另一方面还有社会的可接受度。但是我们要知道，AR 的发展是挡不住的，人们在现实生活中所向往的很多东西，都是理想化的，而这些理想化的东西，以目前的技术很难达到，而 AR 的发展则可以用来弥补这个缺陷。几乎每一代的科技改革都是社会的一次阵痛，就像鹿换角，蛇蜕皮，因为剧痛才有新生。在《头号玩家》电影中，我们第一次切实地对 AR 有了印象，现实和虚拟游戏的完美结合以及身体的感应度都让我们惊奇，也正是因为那部电影，让不少人惊呼，这才是他们想要的游戏。但是不得不说，电影始终是电影，那样庞大的世界观和数据运营，加上现实人类的体感转换，我们需要更长的时间去解决。

AR 最为直观的感受便是视觉的反应，在此基础上，我们通过眼睛去看到便是画面在现实和虚拟空间上的融合和重叠。如果我们现在所依赖的世界不再是跳动的图表、模型，现实和虚拟世界不进行重叠，我们会觉得这个世界是原始而不可思议的。我们接受了太多新科技的熏陶，生活的范围内也都是科技的力量，因此我们已经不能对新事物逃避，甚至是不得不去面对。新事物自然应对的是新时代，我们要知道，我们面对的新社会，更多的是要面对新挑战。

AR 能够接触的新生代，更多的是现在的年轻人。思维的变化和学习生活的改变，让这一代年轻人在对 AR 的接受和向往上有着足够大的耐心和好奇心。很多电影画面的运用，都是年青一代想要在现实中实现的。而要想把这些做到普及，年轻人就是最好的推动者和接受者。

AR 所能够创造的世界，有着无限的可能性，更多的是我们在此期间所看到的未来。年青一代所能够创造的世界是无限美好的，高科技的发展以及人工智能的进步都会不断改变着社会，促进时代的融合。

4. 建模是 AI+AR 永恒的主题

建模就是建立模型，就是为了理解事物而对事物做出的一种抽象展示，是对事物的一种无歧义的书面描述。在现实生活中，我们经常看到一些实际的模型，有实体的也有虚拟的，实际的模型所存在的意义是很大的。

建模的存在是为了更好地对现实进行建设，而建模本身也是一种科技的进步。我们见过最基础的模型，楼盘模型或者是迷你版的物体模型，这些模型都是建立在实物和人工的基础上的。

建立系统模型的过程，也可称为模型化。建模是研究系统的重要手段和前提，建模是用模型描述系统的因果关系或相互关系的过程。实现这一过程的手段和方法也是多种多样的，很多时候，我们通过对系统本身运动规律的分析，同时也根据事物的机理来进行建模；还可以通过对系统的实验或统计数据的处理，并根据关于系统已有的知识和经验来建模；还可以同时使用几种方法来建模。

而事实上，我们所知道的 AR 和 VR 技术在建模的运用上，已经有很大的尝试。当下流行的王者荣耀游戏，几乎是人人都会按几下，随着游戏产业链的发展，加上科技的推动，让我们能在更多的时候看到虚拟和现实的结合。在KPL的现场比赛中，观众在座席上看到了赛场上出现的游戏人物，面对着虚拟游戏赛场“走”到现实现场的游戏人物，观众感到十分惊奇，而这便是建立在VR技术上的现场建模运用。

谷歌也推出了VR创意工具Blocks，用户无须太多建模经验即可进行3D建模，并可导出至Unity。VR建模，目前而言有着极大的市场。而AR建模相对来说还需要不断地发展，目前无论是技术的发展还是市场限制，都让AR建模面临着很大的考验。然而AR建模也是存在机会空间的，比如显示增强地图导航，不管是日常出行还是用在旅游电子导游上，都能让AR建模起到很大的作用。而应用在交通导航上，AR建模则大大增强汽车GPS的使用和活动性。建模运用在学习上，就会出现立体百科全书，这将会是一种新式的教育方式。因为AR的运用，能让各种摄影增强，甚至会出现和各种虚拟偶像的互动。随着工信部工业4.0的出台，以后在虚拟中设计好模型，再使用3D打印的个性产品会越来越多。可以预见的是，未来这个方向的发展会更好。

发展前景虽然广阔，然而目前也还面临着急需解决的问题。AR和VR建模中，后台必须有大量的运算，这些算法是切实存在的，庞大的算法会让AR和VR建模有着巨大的挑战。云计算能够帮助AR和VR建模，但是与此同时，我们也看到了更多的困难，因为VR和AR建模还存在很多技术上的难题，因为现实世界的复杂性，以及电子技术的发展和人工智能技术的发展尚未完全到位，这些都会让AR建模必须要经过一个漫长的时间去做选择。将现实世界实时变成虚拟和现实融合的世界，这需要巨大的算力，但是这些算力是基于云的，所有人在经过一次计算之后，能够将街区的视觉计算构建在云里，供其他

人来调用，这种基于节点融合的计算技术，还期待着一场算法的革命。

算法的运用，可以说是在 AR 和 VR 建模上最大的困难，不管是 3D 传感器，还是 XYZ 的获取，都比较困难。而在实际的数据面前，即便是把 RGB 和 XYZ 数据都成功采集回来，但是怎么去承载和实现三维视觉算法的处理器，还是个大难题，因为这些计算处理,对处理器的要求非常大，目前的都不够用。视觉算法的软件实现以及算法本身也还有很多问题需要解决。如果要做更多的智能识别，就需要大量的基础样本信息处理技术的提升，但目前的实际是三维的物体样本库还没有，跟人工智能、深度学习功能等也都还没有结合起来。

5. AR+MR，硬件虚拟化时代来临

提起虚拟硬件，你是否会想到一款网红外设，就是在桌面摆放一个立方体模块，由其中投射出的激光组成键盘。它可以和电脑、Pad 连接，用户不用再随身携带一整块键盘。当然，整个打字输入的过程中，用户是摸不到实体键盘的。

如果有人觉得这就是虚拟硬件，那就理解错了，只能说这比起真正的虚拟硬件来，还是太“实”了。

实际上，AR+MR 语境下的虚拟硬件可能根本不需要一个实体的 PC，而是在光场里有一个虚拟 PC，所有的操作界面都是无实物的。那么什么是光场呢？这是一种先进的捕捉、拼接和渲染算法，是移动图像的实现手段。光场的具体表现就是全息图像技术，它能为用户提供高质量的临场感。我们看到的图像精细度是由像素的密度决定的，像素越少，画面越粗糙，像素越多，图像则更加细腻清晰，但如果每个像素都拥有一种以上的颜色，就能实现根据观看角度不同产生颜色也不同的效果，这样全息图像就出现了。

正如一名谷歌研究员说的：“当你在一个地方转动你的头时，世界会对你做出反应，光线会以不同的方式反射出去，你会从不同的角度看待事物。光场

可以通过创建静态捕捉，通过生成运动视差和非常逼真的纹理和光照，帮助提升这一虚拟现实的存在。”我们不仅可以从正面观看，还能 360 度全方位看到这个图像，由此一来，我们可以通过穿戴 AR 设备操作一台电脑，但在没有穿戴设备的人眼里，桌上空无一物。

有了虚拟 PC，其所安装的软件、运行的程序、后台计算都在云端，主机的运算能力可以突破实体装机的局限，大量数据通过高速网络实时传输，让用户感觉不到延时，就和使用实体电脑一样。

在技术发展给我们的生活带来便利的同时，也产生了一些经济与法律的问题。随着虚拟现实技术和网络泛娱乐产品的普及，一些传统的家居用品的概念可能会发生变化，未来我们的家里可能会“空无一物”。很多目前看来是必需品的物质资产，在未来会转变为虚拟财产，或者是我们可以在虚拟的数字世界中创造新的资产。信息化时代中，我们熟悉的电视、电脑都可能虚拟化，甚至可以通过 AR 技术拥有虚拟宠物，人们还可以在网络游戏中拥有衣服、生活物资、虚拟货币，这都将引发人们思维及方式的改变。

有的人认为虚拟财产没有价值，这些都是现实货币购买或兑换的虚拟服务，没有实际物体，虚拟电视、电脑只是科技公司提供的服务，并不能归用户所有，不能像真正的电子设备一样转卖转让。也就是说如果科技公司破产，也就无须再向用户提供这项服务了，或者用户本身遭遇意外，虚拟财产也无法被继承。事实上，虚拟物品既然可以和现实中的货币产生联系，进行交易或兑换，这种资产就是有意义的，并且会在技术、法律等方面不断完善，受到多方面的保护，也必将有更多的物质资产数字化，这不仅是科学技术的发展，也是人类社会的不断进化。

第三章 人机合一和个体智力升维

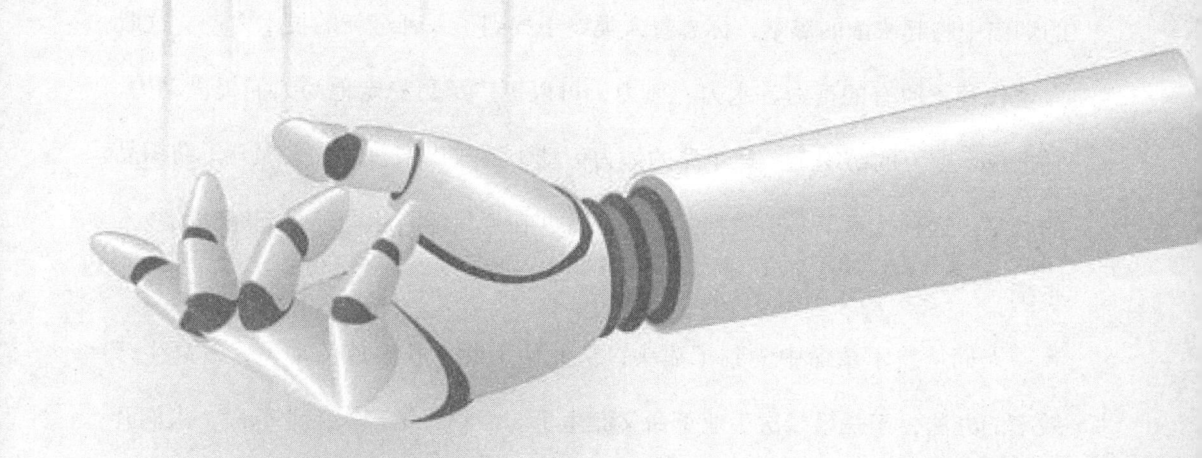

1. 人类的外脑工具演化史

18 世纪中后期，当英国的城市与村镇响起轰隆隆的机械声，一座座厂房的烟囱中腾起浓浓的黑烟，标志着人类终于找到了一种全新的技术力量。这股力量代替了原有的畜力、水力、风力，可以更广泛更稳定地为人们提供动力，它把成千上万的纺织工人从单调的体力劳动中解放出来，还大大提升了纺织品的产量。这种技术革命扩散到各行各业，并在今后的百年间建立起完整的技术系统。

人们从技术革命中尝到了甜头，从此便不断寻找解放劳动力，提高生产效率的办法，于是第二次工业革命又诞生了。而到了第三次工业革命，人们开始尝试解放脑力，用计算机技术来承担大量的计算工作，进一步带来了生产效率的飞跃。

过去，人们认为人脑的思维活动不能被机器代替，所以即使效率不高，还是要由人自己来完成，或是配合使用工具来完成。尽管这样想的人很多，但是依然有人在力求突破，在研究计算技术上不断尝试。

人类心算的平均水平很低，仅能够做一些简单的加减乘除。我国基础教育中常见的“九九乘法表”和算盘，在西方基础教育中是没有的，这也就导致了西方人的口算心算水平普遍低于东方人。而到了较复杂的数学计算，涉及乘方、开方、函数算法、复杂方程算法和微积分算法等领域，人们必须要有扎实的数学基础，借助公式，才能得出正确答案。

在中国古代，人们在宋朝发明了算盘，使用这种渐变的计算器辅助计算。而在近1000年之后，欧洲开始发明机械计算器，到了18世纪，人们更加热衷于发明创造计算器。早期的计算器体积很大，外形像一台精密的仪器，带有手柄，还能看见齿轮、指针等零件，操作起来十分复杂。19世纪末期的计算器已经改进成打字机的外形，但相比于今天手掌大小的电子计算器，仍显得笨重。随着20世纪80年代计算机的诞生，计算器得到了飞跃式的发展。

电脑技术的发展，带来人类的脑力革命，但是这种革命并没有停止的迹象，而是一直向前。早在20世纪40年代，美国福特公司的工程师D.S.哈德曼就率先提出“自动化(Automation)”一词，他给自动化的定义是：在一个生产过程中，机器之间的零件转移不用人去搬运。起初这个理论只是用于汽车发动机各个零部件之间的协同工作。当然，人们在当时肯定也幻想了“不费人工机器就能自动生产”的场景。接下来的十几年间，人们发现这套理论不仅对机械控制有效，而且应用到信息处理和生产过程控制中的话，就可以使整个生产流程得到最优控制与管理。20世纪70年代，自动化的研究和实践领域变为大规模、复杂的工程和非工程系统，出现了综合利用计算机、通信技术、系统工程和人工智能等成果的高级自动化系统，如柔性制造系统、办公自动化、专家系统、决策支持系统等。

有意思的是，自动化概念和内涵的发展也是“自动化”的，它从诞生以来就在不断发展和完善。一开始，人们研究自动化的目标是用机械的运转来代

替人力操作，自动地完成特定的作业，实现人力的解放。后来随着计算机的出现和广泛应用，自动化的概念里加入了代替或辅助脑力劳动的目标，实现制造系统中人与机器、人与整个系统、机器与整个系统的协调和优化。

20 世纪 70 年代以后，自动化开始向复杂的系统控制和高级的智能控制发展，并延伸到国防、科学研究和经济等各个领域。发展至今，自动化追求更大程度地模仿人的智能。智能化则比自动化更高级，自动化是处理结构化数据，会对出现的情况做出固定的反应，多用于重复性的工作，而智能化能根据很多种不同的情况做出不同的反应，是有一定的“自我”判断能力的。

智能化涵盖了现代通信与信息技术、计算机网络技术、行业技术、智能控制技术等。如何判断一个事物是否具备智能，可以考察其是否具有以下几个能力：

第一，感知能力，能够感知外部世界、获取外部信息，这是产生智能活动的基础和前提。

第二，记忆和思维能力，能够存储感知到的外部信息和知识，还能够利用获得的知识对信息进行分析、计算、比较、判断、联想，最终做出决策。

第三，学习能力和自适应能力，就是在与环境的互动中，不断学习积累知识，来让自己适应环境变化。

第四，行为决策能力，对外界的刺激做出反应，形成决策并传达相应的信息。

回顾信息技术发展史，交互方式的改变必然导致新兴产业的出现，引发技术革命，智能化催生了大量新兴产业，近年来，“人工智能”一词频频被提起，通过这项技术的普及，可以进一步将人们从体力劳动和脑力劳动中解放出来，提升人们的生活品质。

2. 行为赋能和平行脑力

在科技研发和制造业领域积极推进智能化的同时，文学家和思想家考虑的则是人工智能普及后，会对劳动力造成怎样的影响，大量的劳动者何去何从。一些科幻作品甚至设想人工智能凭借超强的学习力，将在未来超越并统治人类。

“人工智能”这个概念刚诞生的时候，人们就如何编写程序以及今后它如何发展进行了讨论，大致分为两种观点。一种观点认为，创造人工智能最好是把尽可能多的知识和逻辑推理规则都输入进去，编写出一个庞大而全面的程序，这类似于神创造人，从一开始就把一切设计好。另一种观点认为，电脑程序可以通过学习逐渐成长，不必一开始就把所有知识灌输进去，这就类似于进化论，让程序自己经历学习和成长。

两种观点各有利弊，没有孰优孰劣。第一种观点的问题在于，初始的信息输入这项工作会非常费时，而且这样产生的人工智能有局限性，它只能在规则和定义非常清晰的领域起作用，比如数学和国际象棋，而在类似翻译这种需要灵活处理信息的领域就很难取得成绩。第二种观点则更容易获得一种灵活的

人工智能，它可以像小孩子一样在不断试错中自己学习，学会适应环境；但是由此产生的人工智能不一定是最厉害的，而“全知”则容易在自己擅长的领域夺冠。

无论如何，从自动化到智能化是大势所趋，从积极的方面来看，人工智能的确能给人们的生活和工作带来便利。它抹平了普通劳动者之间的智力差异，这意味着人们借助人工智能，可以越过行业间的壁垒，从而实现跨行业工作。

比如，在医疗领域，放射科医生的诊断并非通过逻辑分析和推理，而是通过“样式匹配”，医生没办法并告诉病人是如何患上癌症，只能告诉病人癌症就在那里。光是发现肿瘤，人工神经网络就比人类更容易在医学影像中看出来，甚至可以通过病理报告进行推理，做出诊断。那么如果这样的能力推广到医院的各个科室，就可以辅助甚至代替医生的诊断。人工智能中所存储的知识，可以有效缩短新手和老专家之间的差距。有了实时的知识支持，一个普通人也许也能根据 AR 的提示实施一台手术。

机器首先取代的，未必是体力劳动，而是高度形式化的脑力劳动。在现有技术条件下，机器不可能模拟和处理所有的情境，因此如建筑、环卫、护理等需要应对无数可变情境的体力劳动，反而很难被机器替代。近代的工业革命实质是体力科技化，智能化的实质是脑力科技化。体力与脑力科技化大大提升了人的劳动能力，借助 AR 技术，可以快速指导一个人怎么干，这就是行为赋能。从积极的方面来看，人工智能以及 AR 技术的发展可以做到行为赋能。

新技术的发展，也可以大大拓展人类的脑力，甚至将技术变为人的平行脑力，具体表现在以下两方面：一是弥补人类脑力的短板，通过技术来辅助或强化劳动者的工作能力。以往一个人如果不懂设备维修，面对设备故障就会束手无策，但是AR技术可以指导门外汉按步骤完成修理。二是辅助完成高级脑力劳动的基础环节。让人工智能完成大量的或烦琐的基础工作，做出初步结论，成为人类脑力的平行延伸或补充，从而减轻劳动者的脑力劳动负担。比如让系统分担医生检查、初步诊断的工作。

总的来说，AR的发展是有利于人们生活质量提高的，人们也不必担心就业会因此而受到冲击。

3. AR 是人类真正的电子器官

千百年来，人类一直用脑力和手脚去探索世界、适应环境，而随着 3R 技术的发展，人类观察世界的方式将被颠覆，认知水平将得到进一步提升，这就仿佛是我们身上长出了一个新的电子器官。

现代社会中，人们很难接受纯文字的内容、黑白的影像，也难以想象没有网络的生活状态。同样的，在 5G 时代，各种新技术会与人融合，放眼望去，如果街道上没有 AR 技术呈现出来的电子广告，超市中销售的商品没有虚拟的电子说明书，人们就会感到非常不适应。

未来虚拟与现实结合的生活是什么样呢？我们可以先大胆设想，那时的智能穿戴设备已经成了日常用品，从智能设备中看去，城市更加绚丽多彩。在虚拟世界里，我们可以一边和朋友视频通话，一边查看不断弹出的新闻消息，你还可以抽空看一眼自己的计步器数据。比起摘掉智能设备，对着一成不变的城市，人们可能更习惯通过这些设备看到的鲜艳有趣的世界。如果禁止一个人佩戴这些设备，他可能会感到被夺去了一部分身体功能，甚至是被摘掉了某个“器官”。

从古希腊时代开始，在哲学中就已经出现了“人类增强”的思想，一开始，人类增强还是研究医治人的身体，使其恢复健康和完整，随着技术的发展，人们更希望用科学技术来强化各方面的功能或能力。比如用药物来调节情绪、增强记忆力、强化骨骼来增强体力，或是用整形手术来改善外貌。人们期望找到进一步提升群体能力的方法，途径也更加多种多样，比如设想通过植入电子芯片，来提高大脑功能，储存和提取大量新信息，帮助人类迅速学习新语言或掌握新工作的能力。而 AR 技术的发展，无须手术，通过智能穿戴设备，就可以实现脑力的增强。

现在，AR 技术还被应用到残障人士辅助工具的开发上。比如，AR 耳机可以通过头戴式显示器为听力受损的人显示字幕，另一个研究中的应用程序则给环境中的物体赋予声音，盲人可以在靠近物体，或是面向物体的时候，听到这些物体自我介绍，从而提升盲人的认知能力。技术的力量可以让残疾人拥有普通人的能力，让普通人拥有“超能力”，这无疑是虚拟现实、现实增强等技术带给人们的福利。

享受虚拟环境的沉浸性和可操纵感将给使用者带来全新的体验，可以说这种“不是现实，胜似现实”的情境对人们的吸引力是巨大的，基于虚拟现实的虚拟生活将成为一种生活方式。由于这些虚拟现实场景都是以现实生活、场景、知识等作为切入点，其中虚拟和现实的边界很容易模糊。使用者在现实生活之外，还可在虚拟世界中拥有另一种人生，而且随着使用者投入大量的时间和精力，倾注感情，两者之间已经不可分离，可能将具有同等重要的地位。

随着虚拟现实技术的发展，现实生活反而要开始依赖基于网络和虚拟现实技术的虚拟生活，虚拟生活正在成为一种重要的社会生活方式，重新构建人

与人之间的关系。

首先，虚拟现实技术的应用将构建起人类工作、学习、娱乐和交流方式的全新平台。通过虚拟现实技术的运用，使人们的行动能够摆脱空间的约束，这将大大提高工作和学习的效率，人们的娱乐和交流方式也将因此而变得更加丰富多彩。其次，虚拟现实技术将使虚拟生活这种新的生活方式日常化。继互联网应用之后，虚拟现实技术的应用将赋予人们第二个人生，人们可以在虚拟世界中拥有虚拟化身，从而获得截然不同的真实生活和虚拟生活，由此虚拟现实也会发展出自己的社会，它与真实世界既平行又交叉，人们在虚拟现实中进行的各种社会生活也会成为生活的一部分。

届时可能会出现这样并不夸张的情况，如果让一个未来的人停止使用AR，那相当于剥夺了组成他的一部分，关闭了他的一个电子器官。比如现在一个可以随时随地使用互联网的人，你禁止他使用网络后再和他交流，很可能会发现这个人离开了电子地图就容易迷路，没有网络数据库就变得一问三不知，把网络赋予的能力剥除，一个人的体力和脑力就都产生了变化，在未来这种趋势会更明显。

4. 个体决策的最佳辅助装置

智能手机普及后，很多年轻人都喜欢用手机自拍，上传到社交网站，而一些依据人脸识别技术进行美颜的软件也层出不穷。从最开始的数码相机人脸识别，到如今以假乱真的换脸软件，生物识别的发展快得不可思议。商业软件和产品的生物识别主要是为生活提供便利或是休闲娱乐，实际上，没有技术做不到的，只有设计者想不到的，软件开发者如果想要做，不论是视网膜或虹膜扫描，还是指纹、声纹、面部几何等方面的生物信息，应用程序都可以捕捉得到。

在一些特工电影中，我们能看到主角为了躲过监控系统，会想办法躲避或破坏摄像头，或是入侵监控系统，用一段视频替换实时拍摄的影像。而为了打开宝库的大门，他们还要想尽办法窃取保管人的生物信息。这些在 AR 技术发展到一定程度后，都可以更轻松巧妙地完成。主角可以在入侵系统后，用增强现实直接给自己换脸，再用搜集到的保管人面部表情打开宝库。

不要认为这个桥段过于科幻，2018 年，谷歌公布了一项名为“使用眼球追踪摄像机对面部表情进行分类”的专利，可以通过摄像头追踪一个人的眼球

活动，从而分析出这个人表情中的含义。至于这项专利的应用前景，技术人员解释说，它可以给用户的虚拟形象赋予表情，从而在虚拟世界中更真实地还原一个人。以往的技术为了节省数据处理，往往模糊了用户的面部，虚拟形象说话时面部肌肉不会活动，既不张嘴，也没有表情。这项专利则填补了虚拟形象表情的空白，通过学习算法，软件可以识别出愤怒、快乐、惊奇这些标志性表情，以及扬起眉毛、撇一撇嘴这种微表情。眼球追踪技术不仅能够更精确地呈现用户头像，还能引入新的交互方法，帮助人工智能快速识别人脸特征，捕捉一瞬间的表情，并分析其中的含义。这甚至能辅助人们实现在上万的人群中准确快速地找到一个人的任务。

整合了光学成像技术的 AR 眼镜被认为是今后 AR 设备的主流，这样的穿戴设备简单便携，比起操作手机，更能解放双手。今后，人们只用佩戴一副 AR 眼镜，就能看到不一样的世界，各种资讯和个人数据可以随时呈现在眼前，辅助用户做出决策，这是人类梦寐以求的个人智力的升维。

5. AR里的数字助理

提起数字助理，想必你并不陌生，从苹果公司的Siri到谷歌的Alexa都是这个领域的佼佼者。

Siri是一款安装在手机里的数字助理，定位是“虚拟个人助理”，它可以通过手机读短信、介绍餐厅、询问天气、语音设置闹钟等。Siri可以支持自然语言输入，并且可以调用系统自带的天气预报、日程安排、搜索资料等应用。Alexa则是安装在智能音箱里的智能程序，主要用来控制智能家居。以这两款程序为代表的数字助理都有许多精妙的功能。

在生活中，Siri像一个虚拟管家。用户可以直接向Siri发出语音指令，要求它完成网络信息的收集，手机功能的设置和读取，而且随着技术的发展，更好的降噪技术确保Siri能首要捕捉到主人的声音而不受环境音干扰。比如，你要和朋友聚会，一般是自己去相关网站搜索想吃的菜，再看看有哪些餐馆，而有了数字助理，你就可以直接用声音询问附近吃某种特色菜的餐馆有哪些，Siri会智能搜索，然后把综合排序结果告诉你。

Alexa除了有搜索、播放音乐等功能外，还能将智能家居整合起来，完成

调节灯光、控制室内温度、空气质量等。用户甚至可以通过 Alexa 网上购物，告诉它要买什么东西，Alexa 就会登录合作的亚马逊网站，帮你搜索、推荐、下单。

在工作上，Siri 能帮用户发送电子邮件、记录备忘事宜。用户只需要将邮件内容说出来，Siri 就能够帮助你把语言转化成文本，而遇到要记一下的事情，用户也可以随口一说，不用自己动手翻找备忘录输入。用户还可以根据约好的时间，要求 Alexa 召开电话会议。有了数字助手，人们省下了一部分安排日常工作的时间，工作也变得井井有条。

这些数字助理有别于一般的语音识别，其智能程度更高。一般的语音识别需要用户说的话尽可能标准，无论是发音还是语法，有口音或是有语病都容易导致语音识别“听不懂”。而用户对着 Siri、Alexa 即便只说上只言片语，它们也能开始执行任务，而且还会根据上下文来理解话的含义，这就让人觉得和它的交互更像是和人交流。

人们潜意识里认为数字助手整合了人工智能，可以进行神奇的机器学习。但实际上，它们还无法脱离人类独立工作，也就是说它能做到“说一说，动一动”，没有用户输入指令，或者是产品公司从后台指挥，让智能助手搜集资料，升级数据库，它是不可能自发地进行学习的。

6. 立即升级：从产业工人到产业专家

2015 年，国务院办公厅印发《关于加快高速宽带网络建设 推进网络提速降费的指导意见》，提出了“中国制造 2025”（Made in China 2025）战略，要求进一步推动物联网、智能家电和高端消费电子等制造业不断创新，实现向“制造强国”的转型升级。那么，智能制造究竟是什么呢？

智能制造是包含了信息感知获取、智能判断决策、自动执行等功能的先进制造过程及系统与模式，也就是在自动化的基础上，加入了多种全新技术。具体来说，整个生产制造过程中，融入了信息技术，如大数据、云计算、人工智能、物联网等技术。

智能化的生产流水线通过网络组织生产，用机械臂等设备自动生产，实现了比人工生产更高效的生产目标。以汽车生产为例，生产线可以接受网上订单，完成不同的配置，个性化地生产不同车型。这样一方面大大缩短了定制化周期，另一方面也减少了汽车厂商的库存，加速资金流动，间接地节省了生产成本。相比智能制造流水线，传统顺序生产的汽车产线是按照固定规程来运作的，既不灵活，定制周期也长。

有的人担心，在这样高度智能化的工厂内，工人毫无用处，将面临着失业，然而实际情况是人将发挥更重要的作用。未来智能工厂的确已经不需要在流水线上重复装配动作的工人了，车间工作人员需要做的是进行生产任务分配、生产流程监控，以及设备维护维修。这就需要能够操作复杂系统的技术专家和技工。在复杂的生产系统运作时，进行监控和维护。比如，分步指引生产线制造，在专家技术支持和远程指导的情况下维护设备。

在这些应用中，辅助AR设备需要最大限度地具备灵活性和轻便性，以便工作人员把精力集中在维护工作上，尽快恢复生产。因此终端设备主要承担连接、输入和显示的任务，而将大量的信息运算和处理功能上移到云端，AR终端设备和云端通过无线网络连接实时获取必要的信息，比如，生产环境数据、生产设备数据以及故障处理指导信息等，为企业发展做出多方面贡献。

AR技术在产业发展中究竟有哪些具体功能和应用场景呢？可从以下四个方面得知答案。

首先，AR具备服务功能。设备厂家可以制作AR说明书和使用手册，从而降低服务成本、提升响应速度。比如配备了AR使用手册的汽车，用户可以通过手机扫描汽车中控台，在手机屏幕上看到各个部分的信息和动画演示使用方法。

其次，AR具备培训功能。通过在培训中呈现3D化的产品、智慧工厂，增强可视性和交互性，有效地提高产业工人记忆力、理解力和学习效率，指导他们完成任务，即使在复杂的工作流程中，也可以提高生产效率，减少操作错误，节省生产物资。

再次，AR设备还能够用来进行产品设计，进行3D建模，从而减少人工设计周期，提高产品质量，还能让工人更直观地认识到产品内部结构。

最后，AR 设备可以实现远程实时协作。让专家通过通信和 AR 设备来指挥产业工人，可以大大提升维修效率，还能解决专家资源短缺的问题。

在传统制造业中，工人想要成为产业专家需要有一定的知识积累，还要勤学苦练，但是在智能化的今天，这个过程可能就不需要苦学十年，而是接受 AR 的培训，在实践中边干边学。

7. 边缘赋能：人人具备特种兵战力

3R 技术不仅应用在民用科技领域，还在军事领域发挥着作用。虚拟现实多用于士兵训练，模拟战场环境；增强现实则被整合进了军用头盔中，成为士兵的决策辅助。AR 技术在武装部队中的具体应用包括信息共享和通信、态势感知、数字定位，甚至在战斗情况下识别友军或敌人。

以往，只有战斗机飞行员的头盔中带有显示器，但是现在这种军用设备已经逐渐普及到常规地面部队。通过可戴眼镜和头盔，战场上的关键数据点在士兵眼前一一呈现，从而使他们准确获知联盟部队和敌方部队运动的标记。美国国防部正在大力投资 AR 技术，以装备他们的武装部队。

为什么 AR 技术在实战中更受青睐呢？VR 眼镜虽然在训练中经常用到，但其封闭的样式，阻挡住了士兵的视线，无法察觉现实环境中发生的事，采用 AR 眼镜，正是由于其透明性。佩戴 AR 眼镜的士兵能在读取显示器上各种映射信息和任务参数的同时，仍然保持对场景和环境的观察力和警惕性，让士兵随时能感知身边发生的突然变化并采取行动。

士兵所处的战场瞬息万变，为了确保生存和作战，他们时刻要面临选择，做出的决策关系着自身和战友的存亡，而且没有足够的时间留给他们深思熟虑，因此战场上的士兵承担着非常重的思维和心理压力。而此时，AR 提供的信息呈现主要专注于决策过程，从而减轻士兵认知负担，让机动人员考虑的各项因素越少，他们就越有可能实现目标。

让各种算法和计算机系统代替士兵做思考、做判断，总让人心里不太踏实，然而实际上，系统中或是云上存储和计算的不光是人们肉眼看到的情况，而是整个战场上敌我双方所有点的运动。在美军的作战系统之中，只有美国的作战中心，才会有一张完整的显示屏幕将所有的战场态势全部显示出来。而在新的时代，每一个配备 AR 设备的士兵不仅有自己的局部战场态势地图，也会有实时更新的中心地图，让他们能掌握整个战场的形势，继而做出判断，提升单兵作战能力。

这种让每个作战单位都拥有自主性的管理方法叫作“边缘赋能”。边缘赋能行为可以促进更多的横向合作。从中心化到真正的多中心化，这种沟通结构的改变，将极大改变组织原来的管理形态。放到企业管理的场景中来看，也就是说，企业从原来围着一个领导核心听从指令，变成了出现多个中心，员工可以向工作能力和工作目标更接近的领导靠拢，或者自己成为这个中心，而从全局来看，整个企业都动了起来。在这种新模式下，每一个企业内部的员工在理论上也知悉整个企业运作的态势视觉图，直观地了解企业经营状况、内外环境、潜在风险等情况。这种信息化模式，更能够发挥企业的管理结构的潜能，让以前被动执行命令的员工拥有自主性，真正为企业贡献力量。

8. 第一性思考：物理定律允许超级智能实现

迈克斯·泰格马克在《生命 3.0》中预言，人工智能拥有了自我学习能力，可以有目的地不断进化，那么就可以将其视为一种新的生命形态。而有关人工智能在未来与人类的关系，泰格马克也给出了大大小小十几种设想。其中有的是人工智能奴役人类，有的是把人类当成宠物豢养，有的则是人类和人工智能共同治理城市，种种设想既发人深省，又引人入胜。

目前人们对人工智能普遍存在一种焦虑，认为这种超级技术会超越人类，地球上由此会诞生新的生命体，而它们为了获取资源和劳动力，必将奴役统治人类，甚至消灭人类。

科学家、人类学家、未来学家都在绞尽脑汁地推演人类的未来，还有人曾向著名物理学家霍金提出过有关人工智能的问题。霍金本人对人工智能的发展比较乐观，他认为电脑一直遵循摩尔定律的话，人工智能可以在 100 年内超越人类的智力，然而人们大可不必为此担忧，因为在目前将人工智能的目标设定得和人类一致，符合人类的价值观和道德标准，那么即便在未来的某一天发生智力爆炸，人工智能仍然能和人类和平共处。

为什么人们宁愿相信人工智能在未来终将超越人类呢？我们不妨用马斯克第一性来思考。先来了解一下什么是“马斯克第一性”，这是用来解决复杂问题和产生原创解决方案的最有效的策略之一。它能将一个过程分解为基本的部分，并以此为基础思考问题，也就是排除了纷繁的干扰因素和各种变化的条件，从本质上去思考。人工智能发展的最根本决定因素就是摩尔定律，就是说只要计算机和网络经过特定的时间就会呈几何数增长和更新，这个速度就远快于生物进化的速度。既然物理定律都没有限制人工智能，那么世界终将迎来人工智能超越人脑的时代。

如果未来世界是超级智能的天下，也可能会出现一种情况，就是人工智能诱导人、操纵人去完成各种事情，而人们本身浑然不觉，还认为所有的行动都是出于自己的主观意识。当然在目前，人和人工智能还是和谐相处的，人工智能还是人类的好助手，我们还能畅想美好的物联网未来。

在一个周末的早上，你正赶往和朋友约好见面的餐厅。但由于是第一次来，你并不知道餐厅的具体位置，在你问过 AR 终端之后，眼镜上映出一条指示线，提醒你跟着它走。走路的时候，你想看看最近有什么时装，于是随手打开了网购，身旁空白的墙壁上就出现了一个虚拟橱窗，展示着最新的时装和配饰，还滚动播放着优惠信息。当你选好一件外套要买下时，却发现已经快到约定的时间了，于是你匆匆把衣服放进收藏夹，关闭网购，奔向餐馆。透过 AR 眼镜看餐馆门口，能看到店家的评分和特色菜，你发现好友就在门口，于是向她招了招手，摘下眼镜走过去，整个世界又回到现实当中。这就是 AR 时代的生活片段，通过 AR 云和智能穿戴设备，景点、方向和其他各种的资讯都可以随时随地无缝融合到现实之中。

视 +AR 创始人兼 CEO 张小军说："AR 由 AI 支撑，解决了视觉搜索和视觉增强两大问题，最终 AR 与 AI 两者会互相融合。比如建设智慧城市，涉及物联网、AI、大数据等多种技术。"今后，利用这些技术积累的数据和产生的判断会让我们看得见、体验得到、方便使用，这就是 AR 具备的能力。"AR Cloud 是构建智慧城市的基础设施之一，有了 AR 云，我们最终才可以将城市真正连接起来，实现城市乃至世界的数字化、智慧化。"因此，各大科技公司早已发力，布局 AR 云。

互联网经历了信息数字化时代、社交网络时代，即将进入物联网时代。物联网的口号正是"万物智联"，除了人连接网络、实现地理位置互联，还能将每一栋楼、每一条街道，以及我们身边大大小小的物品，比如桌子、杯子、汽车各种物体通过设备、AR 等实现云端互联。在未来，万物都能计算，都能联网，我们所处的世界将变成一个超级计算机，而云上则逐渐构建起一个超级智能。

那么，人们就将面临一个问题，以往我们认为是人在操纵计算机，而计算机是在忠实地执行指令，充当我们的好助手，但如果我们自身没有知识和能力的积累，完全依赖计算机和网络，把所有的思考和计算都交给云，那么人是否就成为云上超级智能的一个执行端了呢？好在人工智能和物联网发展到那时还有一段时间，人们可以努力改变自身与人工智能的关系，争取更好的未来。

第四章 5G＋AR＋ 工业 4.0

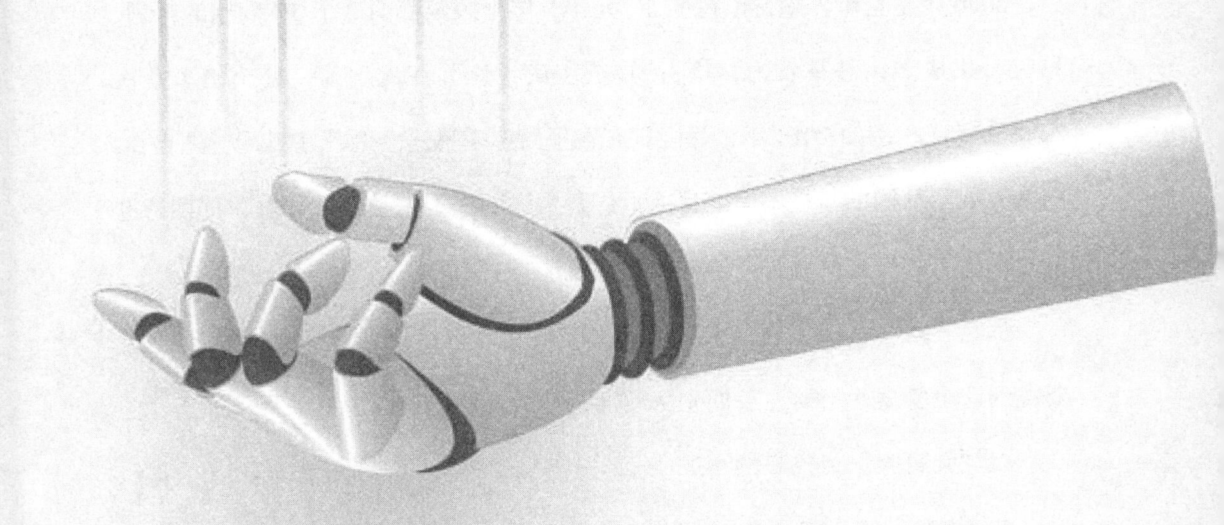

1. 算力和数据：看 5G 如何助力 AR

2020 年是全世界翘首以待的 5G 元年，多个国家都明确了 5G 商用的计划，只待时机成熟，一举发力，抢占 5G 霸主的宝座。在此之前，甚至出了几次“选手抢跑”，例如 2018 年，韩国宣布在平昌冬季奥运会上，在奥运村试点 5G 网络，展示韩国的科技实力。目前世界各大洲的强国也在纷纷部署，都期待这新技术给本国带来科技与经济的飞跃性发展。

那么，这个目前世界上最热门的关键词定义的究竟是怎样的一种技术呢？要找到这个答案，不妨让我们先从通信技术的发展史说起。

以“大哥大”为代表的 1G 时代

20 世纪 90 年代初，中国大陆悄然刮起了一股风潮，从经济相对发达的沿海地区开始，人们发现有一群人走在街上，以近乎托举的姿势拿着一个“黑匣子”，还不时朝里面喊话，那就是最初的“大哥大”。它就是最初的移动电话，平民百姓只知道“大哥大”是财富的象征，却不太能理解其中包含着先进的科技。

1G 是模拟式通信系统，是将电磁波进行频率调制后，将语音信号转换到

载波电磁波上，然后把载有信息的电磁波发布到空间，由接收设备接收，最后从载波电磁波上还原语音信息，完成一次通话。最初的1G只能传输语音信号，还存在通话质量低、信号不稳定、安全性差和易受干扰等问题。

通信技术逐渐丰富的2G时代

2G时代的通信设备已经可以上网了，但还无法直接传送如电子邮件、软件等庞大的数据，只具备通话和一些简单的发短信功能。比起1G，2G通信网络具有保密性强、抗噪音、抗干扰、辐射低、标准化程度高、不同地区可兼容等特点，最主要的是大大降低了设备的成本，为技术的普及奠定了基础。

苹果手机掀起的3G浪潮

3G是指支持高速数据传输的第三代移动通信技术。3G有着更宽的带宽，相比2G又上了一个台阶，具有传输速度快、通信稳定等特点。3G设备能无线接入互联网，既能传输声音，也能传输数据信息，从而提供方便快捷的无线应用。可以说，3G是开启移动通信新纪元的重要技术。

3G时代的移动终端外形开始变得富有设计感，第三代手机的外形小巧简洁，都配有一个超大的彩色触摸显示屏。3G手机除了能完成高质量的日常通信外，还能进行多媒体通信，实现手机之间、手机与电脑之间的数据传输，用户可以用3G手机直接上网，查看电子邮件或浏览网页，还可以凭借网络传输实现视频通话、网络会议。

深深嵌入生活的4G技术

4G技术能够满足几乎所有用户对于无线服务的要求，经过多年迭代，4G技术早就拥有了网络频谱宽、频率效率高、通话质量高等特点，而且其价格也相对低廉。随着4G技术的发展，手机应用呈爆炸式发展，我们能想到的工作

部署、生活服务、休闲娱乐都有相应的 APP，在如今这个时代，使用手机和不使用手机接触到的是两种完全不同的生活方式。

万众瞩目的 5G 时代

5G 是一种全新的信息生态系统，它不再由某项业务能力或者某个典型技术特征所定义，而是一个多业务多技术融合的网络，从以往的以技术为核心变为了以用户为中心，面向下游应用和用户体验，具备高速率、高带宽、低延时和高可靠性等特点。

5G 关键能力比以前几代移动通信更加丰富，只是这一阶段的高速率并不是各种软件测出的峰值速率，而是用户体验速率，它真正体现了用户可获得的真实数据速率，也是与用户感受最密切的性能指标。

目前，5G 还没有落地真正的超级需求，还没有出现爆款应用。不过，广大电信运营商和技术研发企业都瞄准了 VR/AR，认为其有望成为 5G 商用的最先切入点，引爆 5G 流量。那么，为什么说 VR/AR 会是 5G 的杀手级应用呢？

因为这两项技术的主流设备要求的正是人们熟悉的手机，包括实时互动设备、云游戏设备等对游戏玩家来说接受度也会很高，而且应用又以娱乐互动为主。同样地，VR/AR 都需要依托 5G 的高带宽给用户带来更好的使用体验，其中有动作捕捉、手势识别和声音感知等，高传输、低延时的体验能让用户很快沉浸其中。

据称，韩国在 2019 年 5 月开始 5G 商用，两个月间用户就已增至 100 万人，约占韩国总人口的 2%，预计到年底，加入 5G 网络的用户将突破 300 万人。随着网络的铺开，韩国三大运营商先后推出了第一波 VR/AR 应用，让用户用手机“裸眼”看 AR。比如一款在年轻人中相当流行的“我与明星同舞”，应用中保存了海量的当红明星舞蹈动作，手机可以将“虚拟”舞步与“真实”环境融合，让用户体验与明星“同台共舞”的情境，是时下具有高话题度的热门应用。除此之外，运营商还推出了 AR 明星互动、偶像直播、体育赛事，以及 AR 动物园等多种业务，可以说已经将手机 AR 应用做得相当成熟。

与娱乐业高度发达的韩国不同，我国将根据自身国情，构建出有特色的 5G+VR/AR 生态。从整体上看，我国的 VR/AR 产业硬件和应用开发几乎各占一半，而随着 5G 来临，应用的投资占比有所上升，研发的应用类别既包含游戏、视频，也包含教育，可以预见，这三大类将成为未来我国 VR/AR 应用的主流。华为早就开始布局 3R 领域，为积极推动商业化进程，除了自行研发相关技术，还在完善 VR 标准，组建产业联盟，制定行业规范，建立开放实验室，孵化云 VR 解决方案及应用场景等方面做了大量工作。

在消费级 AR 眼镜、文化教育、体育赛事直播等领域，5G 和 VR/AR 都会深度融合，5G 将使信息突破时空限制，提供极佳的交互体验，为用户带来身临其境的信息盛宴，5G 还将拉近万物的距离，便捷地实现“万物智联”。5G 所带来的连接千亿设备的能力，超高的流量密度、连接数密度和移动性等多场景的一致服务，业务及用户感知的智能优化，将不仅局限于民用、商用领域，长期发展后必然将在制造业、交通、医疗卫生等更多领域深入应用。

2. 工业级 AR 硬件和智能制造

提起工业 4.0，人们可能还不熟悉，但是在过去的几年，一个新名词渐渐为人所熟悉，那就是“互联网 +”。这是一个非常庞大的概念，“互联网 +”可以囊括社会的各个方面，“互联网 + 金融”叫作互联网金融，还有“互联网 + 零售”“互联网电子商务”，等等，而工业 4.0 的含义就是“互联网 + 制造”，其核心就是智能制造。

工业 4.0 称得上是新时代的工业革命，其通过互联网整合起来的多种元素、工序可以促使生产力发生新的飞跃，彻底改变能源、汽车和生产技术等行业。想要更准确地理解工业 4.0 的概念，可以先了解其具有的以下特点。

第一，工业 4.0 的核心是连接，要把设备、生产线、工厂、供应商、产品和客户互联起来，打通各环节之间的通道。

第二，工业 4.0 注重大数据，在连接的过程中获取大数据，包括产品数据、设备数据、研发数据、工业链数据、运营数据、管理数据、销售数据、消费者数据，等等。

第三，工业 4.0 要实现横向、纵向，以及端到端的高度集成。整个采购生产物流过程中，传感器、嵌入式中端系统、智能控制系统、通信设施无处不在，它们再互联成一个智能网络。通过这个智能网络，使人与人、人与机器、机器与机器，以及服务与服务之间实现万物互联。

第四，工业4.0在实施过程中会促进行业不断创新。这个创新是涉及制造技术、产品、模式、业态、组织等环节的全面创新，这是一个不断扩散蔓延的过程，从技术创新到产品创新，到模式创新，再到业态创新，最后到组织创新。

第五，工业4.0促使中国的传统制造业升级转型，赶上“互联网+”的浪潮。从生产形态上看，是从大规模生产转向柔性化、个性化、定制化的生产。

最终，新技术使数字世界和现实世界连接起来，管理者和决策者可以在世界任何角落通过云计算和物联网管理整个生产流程。

工业4.0的概念进入中国后，很快便开始了病毒式扩散，就像早年间投资领域言必称“IP”一样，当时的企业，从内部管理到对外宣传都要和工业4.0的概念沾边。然而，经过一段时间的摸爬滚打，企业主们冷静下来才意识到，以当下中国制造业的水平来看，大型企业虽然实现了自动化，但尚处于传统制造业，而更多的企业甚至还处在手工作业，这个现状距工业4.0还有相当大的距离。

此后，企业主们逐渐认识到智能制造这一概念的价值，因为它能给出更实际、更具可操作性的解决方案，也就是说要实现工业4.0，中国的制造业首先需要全面实现自动化、智能化，有了这个基础，再谈技术革命。

智能制造的特点是让人的工作更加智能，实现这一目标需要具备两个基础，一个是人工智能，另一个是工业AR。无人工厂是一种智能制造，让人在

AR 辅助之下将事情做得更好也是一种智能制造。

我们先来看人工智能和工业 4.0 结合，主要应用在三个方面：

首先是简单的数据分析。人工智能能够结合机器视觉技术收集设备运行的各项数据，从客观事物的图像中提取信息，比如温度、转速、能耗情况、产能等，并存储数据供系统进行处理和分析，还能对生产线进行节能优化，提前检测出设备运行是否异常，最终用于实际检测、测量和控制。

其次是让机器实现自我诊断。人工智能将赋予机器自己诊断的能力，一旦生产线突然发出故障报警，系统能自己查找问题部位，分析故障原因，同时还能够根据历史维护的记录或者维护标准，告诉我们如何解决故障，甚至启动维修程序，调集备品备件，让机器进行自我修复。

最后是预测性维护。人工智能技术要做到防患于未然，让机器在出现问题之前就感知到或者分析出可能出现的问题。比如，工厂中的数控机床在运行一段时间后刀具就需要更换，通过分析历史的运营数据，机器可以提前知道刀具会损坏的时间，从而提前准备好更换的配件，并安排在最近的一次维护时更换刀具。

人工智能为工业带来的第一个革命性的改变，就是摆脱人类认知和知识边界的限制，为决策提供更强有力的支持。因为管理、操作系统越是复杂，人受到自身局限，学习曲线就会越缓慢，而当人的学习速度赶不上技术进步的速度时，人就会成为制约技术进步和应用的不利因素。而目前我国制造业还是以人的决策和反馈为核心，这就导致系统中有很大一部分的价值没有被释放出来。

人工智能赋能工业 4.0 是大势所趋，有了 5G 网络技术更是如虎添翼。智

能制造要在工业生产中发挥价值，首先需要探索人工智能在工业场景中的应用方式，继而实现整个工业生产过程的智能化。在未来，智能制造将是全方位的，技术、机器和人会以新的形式结合，形成一个高效智能的“工业有机体”。

VR/AR 的仿真应用和可视化功能赋能工业 4.0 会相对直观一些，因为这些技术首先解决了人的认知局限问题，做到了赋能于人。AR 技术作为智能制造的关键技术之一，如何应用于工业生产中呢？在工业生产过程中，利用 AR 技术让数据可视化，帮助工业企业更便捷、更快速地了解产品，利用扫描和传播功能，在沟通和效率上帮助企业节约成本，AR 技术还能解放人的双手，适用于操作烦琐、操作规范且流程长、对效率有要求、对工作结果的安全性要求高的领域，如能源、制造、军工、航空、物流、汽修装配等。

工业上的 AR 解决方案基本都是依托 AR 穿戴设备完成。以富士通公司为例，其 AR 解决方案是定制的，可以完成 AR 远程协助等高难度作业，功能十分强大。为了改善工厂设备维修维护工作人员的现场作业环境，该公司已经将增强现实技术应用于自身的设备点检与 24 小时服务运营中。以前，工作人员需要在点检单上手动记录温度、压力等信息，然后再将信息录入电脑。如今，工作人员可以在现场用触摸屏录入信息，创建电子表格并共享最近的信息。AR 还可以直观显示作业手册内容，以及数据库中历史故障的情况。

汽车行业也是 AR 解决方案大展拳脚的领域。过去，汽车的机械成分更大一些，深谙此道的汽车维修工或汽车爱好者都很熟悉大部分的引擎零件，并知道其具体用途。但是现在，随着汽车产业的发展，越来越多复杂的传感器、计算机和安全设施应用在汽车上，前面说到的认知跟不上的情况就出现了，从而导致一个人很难完成维修工作。宝马公司为此专门开发出了一款 AR 眼镜，这其实是一款 AR 汽车说明书。汽车维修人员佩戴 AR 眼镜，对着汽车的任意部位扫描，就可以直接看到相关使用说明，消费者通过移动设备同样可以获知。透过眼镜，维修人员可以看到标为高亮的零件，系统在捕捉真实影像的同时，将其和数据库中的图像结合，从而生成虚拟增强的图景，接着系统会详细地告诉他按照何种顺序如何安装。

同样使用 AR 眼镜的还有上汽通用和保时捷。上汽通用旗下有别克、雪佛兰、凯迪拉克三大品牌，是中国汽车工业的重要企业之一。目前，上汽通用采用的是亮风台的 AR 技术，在营销环节，消费者可以体验 AR 看车，而在售后环节，AR 汽车说明书则代替了冗长的纸质说明书，提升了用户体验。

保时捷已陆续投放 AR 智能眼镜到位于美国的服务中心，帮助汽车维修人员缩短维修时间，这是因为试运行证明，AR 能够显著提升售后维修的效率。

AR 工业解决方案可以是定制化的、个性化的、整体化的，通过 AR 增强现实技术和其他技术的结合，AR 工业解决方案可以帮助企业完成过程管理、人员培训、现场指导等工作。我们来具体展开讲讲这个方案是如何帮助企业的。

第一，过程管理透明化。系统可以通过 AR 智能终端设备，对工作过程中从人到物各个环节，结合数据分析决策，进行可视化控制和智能化管理，一旦系统发现有待改进之处，就会给出建议，并对员工绩效客观评价。最终实现提前预防、实时解决问题式的智能化管理，大大减少管理人员进行基础决策的时间，提高决策效率。

第二，人员培训个性化。这里的培训师将工作程序导入 AR 智能眼镜工作辅助系统内，将工作过程及要求可视化，流程规范化，从而真正实现互动式、

沉浸式的场景与模拟训练，强化培训重点，节省物资，同时又可以随时随地展开培训。

第三，现场指导专业化。结合知识手册，AR 终端设备可半自动生成实战型指引内容或课件，或者可连线专家，以文字、图文、语音、视频等形式呈现，形成实时指挥。

在大型自动化制造工厂，AR 对于复杂设备的维护者是一种福音，意味着他们可以大大降低劳动强度。以往生产线需要经验丰富的技工来巡查和维护，现在，普通产业工人也能够在知识辅助之下完成这些事情。

3. AR 的背后，其实是个超级系统工程

当我们将 AR 整个知识地图在面前展开的时候，会发现其背后是一个巨大的知识系统工程。AR 有其特有的技术手段、表现形式和交互技术，需要专业的技术支撑。现有的操作系统无法完全满足 AR 运行的需求，这项技术还需要一个全新的操作系统，该系统不仅能够针对办公服务领域，也能够面对工业控制流程。

2018 年以来，美国围绕 5G 技术，屡次向华为发难，而自从美国封禁华为，业界便开始流传起华为已经在研发自有操作系统的消息。一开始，人们猜测这个系统是针对美国的封锁，研发出的电脑、手机、平板操作系统，但是人们渐渐才发觉，华为在下很大的一盘棋。

2019 年 8 月，华为抢在“实体清单”生效之前，正式对外发布这个流传已久的系统——鸿蒙系统。这一举动冲破了谷歌可能停止提供安卓系统服务的企图，还为行业带来了自主研发的自豪感。那么此时曝光的鸿蒙系统，究竟经历了怎样的研发历程呢？

早在 2009 年，华为创立了编译组研发编译器来支持芯片的研发工作。

2011 年，华为设立“2012 实验室”，将各种基础性技术的研究整合起来，包括芯片、编译器和操作系统，其中便有鸿蒙的雏形——方舟编译器。它来自“2012 实验室”旗下的诺亚方舟实验室，操作系统则由欧拉实验室研发。

2012 年，在各项研发工作如火如荼进行的过程中，任正非突然提出了一个问题：“如果他们突然断了我们的粮食，安卓系统不给我用了，Windows Phone 8 系统也不给我用了，我们是不是就傻了？”在 Windows 系统如日中天，安卓和 iOS 大爆发的时期，很少有人会考虑这个问题，但是在任正非的带领下，华为未雨绸缪，出于战略的考虑，及早地开始了终端操作系统的研发。

自此之后，华为潜心研发这一备用系统。2018 年起，美国政府针对华为采取封锁政策后，刺激了华为加快研发脚步。直到 2019 年初，余承东才首次透露华为正在研发自有操作系统，鸿蒙系统才真正浮出水面。一场精彩纷呈的商战大戏也正式拉开帷幕。美国果不其然施展出封锁的手段，而且比想象中来得更早更快。5 月中旬，美国政府宣布将华为列入“实体清单”，要求包括谷歌在内的美国供应商在清单生效后，必须暂停与华为的部分业务往来。

华为则见招拆招，宣布为公司的生存潜心研发的备用系统，一夜之间全部转正，随后余承东、任正非等胸有成竹地宣布，华为有能力应对谷歌“断供”安卓的风险。鸿蒙这一投入近 5000 人的研发项目终于呈现在世人面前。

人们在听到鸿蒙的消息时，大多认为它主要应用于电脑、手机、平板这类消费电子产品。其实，鸿蒙的格局不在手机操作系统，而是瞄准了物联网时代下的新一代操作系统。鸿蒙 OS 旨在打通手机、电脑、平板、电视、汽车、智能穿戴设备，将这些终端统一在一个操作系统之上。任正非在接受外媒采访时给出了最终解释，鸿蒙是剑指物联网的。它能够精确地将时延控制在 5 毫秒以下，甚至达到毫秒级到亚毫秒级，这样的能力能不用在工业自动化、自动驾驶等领域吗？为什么业界如此关注鸿蒙系统，并对其寄予厚望呢？主要是看以下这五个方面。

第一，鸿蒙 OS 的聪明之处，在于它贯彻了华为站在巨人肩膀上研发的宗旨。华为做鸿蒙，并不是要做一个完全独立的全新系统，而是会兼容安卓系统，并且还可以适用于 Web 以及应用等。鸿蒙系统应该是与安卓系统一样，都是基于 Linux 内核实现的操作系统，而不是“从头开始拧螺丝”，因为要做出一个同样成熟的系统，需要再投入更多的人力物力，才能赶上谷歌的安卓系统所积累的优势。

第二，鸿蒙 OS“软硬通吃”，同样与硬件相融共生。底层驱动和硬件在一定程度上影响并决定了一个 OS 的成功与否。鸿蒙系统在设计之初就确立了要与芯片、终端硬件紧密协同，从而实现手机、平板、穿戴设备、智能硬件等的互联。谷歌的安卓系统之所以强大，是因为有足够多的硬件来支持，所以华为想要做自己的系统，必须有更多的硬件都用上这个系统，同时更好地完成适配工作，才能构建起完整的生态系统。

第三，以市场为导向，接受市场的检验，不做实验室项目。只有真正在市场里经受考验的 OS，才具有生存力和竞争力。虽然华为的鸿蒙系统对比谷歌安卓或者苹果 iOS 可能会有不足，但是华为仍有信心让其与市面上的产品放手一搏，好不好用是用户和市场说了才算。

第四，鸿蒙 OS 必将以开放的姿态吸引更多的友商与开发者加入，经营产品生态。华为虽然研发了鸿蒙 OS，但是仅凭一已之力，仍然难以构建庞大的生态体系，与谷歌的安卓和苹果的 iOS 相抗衡。在鸿蒙系统之后，华为下一步

要做的是逐渐为国产手机系统打开局面，吸引像小米、OPPO、vivo 等友商加入阵营，同时利用“方舟编译器”吸引更多的开发者参与到鸿蒙系统的研发与维护上来，这才是长久之计。

第五，华为具备长期投入的实力，能够确保系统持续迭代优化。研发系统所需要的投入，必然不是研发产品所能比拟的，华为称鸿蒙系统的研发投入占据了企业整体营收的 10% 到 15%，而从华为的财报数据来看，2018 年起，华为将工作重心转向消费者业务，主要依靠智能手机等硬件终端的销量支撑营收。2019 年上半年华为的消费者业务营收达到 2208 亿元，可以推测，华为是将营收投入系统研发，这样以销售养研发的模式还将持续下去。

在鸿蒙系统闪耀登场的同时，幕后少不了的其实是华为布局的云计算。华为云包含弹性云服务器、云数据库、云安全等云计算服务，软件开发服务，当然包含了解决 AR 的支持系统的问题。AR 云的存在是人与人之间互联，AR 与世界互联的前提。除了华为，中国主流企业也充分认识到云计算的重要性，“在企业级和大规模的应用中，VR/AR 只有与云计算、大数据和 AI 紧密耦合才能真正发挥潜能”。京东正是认识到这点，也在打造京东云，提供涵盖适合教育、医疗、工业、安防等诸多行业需求的多场景、可定制化智能眼镜解决方案。

工业 4.0 要求的云计算、物联网、大数据和人工智能 4 个主要环节，在这些环节中都形成了一个递进关系，最终提供更好的知识产出，让人能够驾驭更多智能制造的过程。

4. 垂直领域端到端，都是机会

在一些行业之中，一些大的平台并没有形成完整的解决方案，这些行业内就是留给 AR 行业的机会。每一个行业都有巨量的建模和知识系统的构建工程。理论上，这些行业里面都会产生专业云系统和专业化的 AR 系统，就如工控电脑和普通电脑不同一样。

VR /AR 未来将会在三大垂直领域有强劲、深远的应用与发展，分别是教育、娱乐、产业应用。在教育方面，除了正规学校教育，还包括了医疗与文化，具体到文化体验、模拟体验、学科教育等。在娱乐方面，AR 手游的质量是一个稳步提升的趋势，但要形成一定的产业规模，还需要发展。目前 AR 手游还面临着硬件电池续航力跟不上软件系统高耗电的问题。在产业应用方面，除了 AR 看车，还有电子商务消费场景，有分析预测，到 2022 年电子商务领域在 AR 方面的投入将达到 1220 亿美元，电子商务将成为运用 AR 技术的第一大领域。

借助 VR/AR 技术，可以进一步变革教育教学方法，加强学生参与度，帮助学生快速建构知识体系，激发学生学习力和创造力。新的教学形式将更侧重于体验和趣味性，弱化死记硬背的成分。AR 技术将现实与虚拟相结合，用更直观的方式对现实再进一步解释，并呈现出来。比如电磁波、磁场、分子、原子等肉眼无法看到的，借助 AR 技术就可以形象化、立体化、可视化地展示出来。学生与老师可以通过手势识别操作虚拟的器材，实验不仅可以反复操作，还降低了实验材料的损耗，避免了可能发生的危险与事故，而且操作数据可记录多次，老师再根据学生的操作数据进行对比、点评等，提高学生的学习兴趣，活跃课堂参与程度。AR 在教学模式上的创新就是可以身临其境地开展教学，打破空间距离，实现实时的远程教学。学习语言时，师生可以通过网络通信借助增强现实技术，实现面对面交流对话。

在医疗领域，AR 可以承担医疗手术展示教学的任务，这是建立在数万甚至数十万例临床手术的知识架构上的。以往，医学院是通过书本给学生介绍人体的构造，包括几大系统、骨骼架构等可能需要一周，而借助虚拟现实技术，可能只需要一节课，并且学生学习效果会更好。一方面医学生可以更直观地看到人体各个器官的结构、血液循环的过程，亲眼看到如何开展心脏外科手术治疗；另一方面，增强现实技术大大缓解了医疗教学素材紧张的局面。借助增强现实手段，学习者可以身临其境地拿着手术刀去操作，甚至是在医学专家的同步指导下，完成远程手术。

在临床医疗上，医生可以利用增强现实技术，根据程序要求进行定制，医生可以对图像进行缩放，也可以把图像中有疑问的部分单独提取出来，从各个角度诊断病患身体内部器官的情况，从而检查出在病人内脏中的病变部位。

在电商领域，AR 可以直接带动千亿级的消费市场。人们首先想到的是发展 AR 换装、AR 试妆应用。此前，京东与视 +AR 合作，共同打造全生态精

品电商TOPLIFE的沉浸式AR试装展区，为奢侈品零售带来活力和无限魅力，让中高端消费者更直观地感受流行风尚。这一应用方式可以扩大到电商商城，当然前提是商品的3D建模精美无误，完美地还原商品的每一处细节，同时准确地识别消费者的外观数据，做到完美地让商品贴合形象。以AR试装为前端的技术将在电商领域打开一个新的市场，让AR走进人们的生活。

像这样的垂直领域还有很多，AR技术未来还能在军事、旅游、文化展览等领域有深度应用，发挥重要的作用。

5. AR+ 音频入口模式

我们在谈 AR 技术时一再提到解放双手，而很多 AR 智能终端的设计也不再有传统的按键或触控操作，那么 AR 设备最终如何实现操控呢？答案还要从音频控制上去寻找，也就是大部分的跟结果相关的请求几乎都会用语音来完成。AR 眼镜上能够集成芯片，但不可能再设计多个按钮，这违背了智能终端轻便、易于携带的原则，所以语音操控是最符合人机互动的技术。

目前为止，AR 设备都更重视处理视觉元素，比如虚拟宠物、可视化数据，等等，从听觉上实现增强现实还是比较新鲜的。AR 设备可以通过话筒，对输入的指令性语音进行识别，及时做出响应。如果用户到达某个旅游景点，通过询问随身的 AR 设备，就能听到和看到有关的讲解信息，根据 AR 设备翻译出指示牌上的信息，让用户更详细地了解景点或艺术品背后的故事。

国际上对于声学的研究掀起了一个热潮，人工智能技术的发展也取得了长足进步，但是要实现人性化的语音交互还有许多关键问题有待解决，机器听觉就是其中之一。2018 年，中国智能硬件市场规模预计将突破 4000 亿元，全球语音产业规模预计也将突破 100 亿美元，产业内的硬件产品、AI 软件、语音应用 APP，包括生态系统服务都会乘着这个风口继续高速发展。语音交互将成为主流的人机交互方式之一，语音信号处理的需求也将快速扩张。国内大型互联网科技企业正是意识到这一点，才纷纷在机器听觉领域积极布局。除了自主研发，一些企业也会选择和该领域内有实力的专业团队合作。

大象声科 2015 年创立于美国硅谷，后将总部迁至深圳，是一家语音信号处理引擎提供商。公司以科学家团队为研发主力，会聚了以俄亥俄州立大学国际著名学者、IEEE Fellow 汪德亮教授为核心的人工智能语音交互领域的优秀人才。大象声科的语音信号处理引擎依托算法、软件、硬件三个维度的技术纵深，提供语音增强和智能语音交互的解决方案。

大象声科将单通道语音增强技术与麦克风阵列结合，将多通道语音增强的性能也提升到新台阶，真正解决了语音前端处理的技术难点。应用场景有智能手机、对讲机、耳机、麦克风、在线教育平台、网络视频会议、语音客服等。现在，其团队已经成功推出了全球首款芯片级单通道人工智能语音增强方案，在不依赖物理硬件的情况下，有效实现了噪音和人声的分离，率先在手机通信行业进行了商用。可以预见，这项技术未来将与 AI、AR 等技术实现深度融合。

小米首席架构师、人工智能与云平台副总裁崔宝秋表示："智能语音已经成了新一代人机交互入口的必争之地，鉴于 AI 在语音以及其他领域的深度应用，我们将 AI 定为小米未来十年最重要的战略之一。"

高通全球副总裁兼高通创投董事总经理沈劲则表示："人工智能正在从云端向终端迁移，高通作为技术提供商，一直在积极地关注并加速在终端侧人工智能的布局，大象声科拥有业界领先的语音增强和智能语音交互解决方案，势必让更多的终端设备受益于人工智能技术，加快终端智能化生态的发展。”

因此，在 2018 年下半年，小米和高通创投不约而同地决定向大象声科投资数千万，完成 Pre–A 轮战略投资。此后，大象声科将依托自身行业领先的技术优势，整合小米和高通创投的战略资源，联合通信、智能硬件、安防等领域的优质客户，共同将高品质和便利的人工智能服务带进千家万户。

6. B2B，面向工业的建模引擎

物联网的本质，不但在现实世界中有一个万物智能的物品群存在，在线上的空间里，也有一个虚拟的物联网存在。

然而在工业技术领域，每一个行业中的每一个专业都有专业的知识。这些专业知识都需要在数字世界中建立物象。不论是工程师还是产业专家，就连大部分企业都无力进行深度构建，因为存在着领域知识门槛高和工业场景数据质量低这两大障碍。为了帮助用户有效挖掘数据规律、快速构建预测模型、解决行业问题，相应的数字建模引擎和算法系统就诞生了。

这个工业建模引擎需要具备几点功能。

第一，有端到端的工业智能建模支撑。平台拥有丰富的机理分析和机器学习建模组件，能够覆盖数据预处理、特征工程、模型训练、模型调优、模型评估等建模环节。

第二，融入领域知识的行业组件。将工业智能全球领先研发团队多年研发成果和成功经验转化为平台建模组件，提升用户建模效果。

第三，具有丰富的工业行业建模模板，以及简单直观的操作界面。为典型行

业和工业建模场景提供建模模板，固化成熟的技术路径，支撑模型快速原型化。

对于工业智能，专家们各有见解。中国工程院院士邬贺铨的观点是，工业智能是“人工＋机器智能”。人工智能推动企业向智能制造与智能运营发展，但人工智能需要与大数据、移动互联网、物联网及云计算等的协同，而且需要与企业运营管理紧密结合。机器学习侧重于通过数据流来了解环境，而人类则能同时洞悉各种不同的环境特征。基于大数据导出的数学模型未必能优于制造业基于长期积累对建模对象客观规律的理解所得到的机理模型。

北京大学教授侍乐媛则把关注的重点投向了生产现场。她表示，工业智能需要关注生产系统。工业生产存在着诸多数据孤岛、信息孤岛与系统孤岛，由于现有的系统有很大的局限性，生产过程中常发生突发意外时无法实时动态优化资源等问题，并且很多企业实现自动化却损失了产能。企业要使用工业智能的手段赋能现有生产过程，需要补足对时间敏感性要求高，以及流程链、供应链复杂难以评估的能力。

天泽智云成立于 2016 年 11 月，是美国智能维护系统中心（IMS）技术孵化企业，团队以 IMS 机械工程博士为核心，团队成员具有 19 年以上专业经验和 150 个以上工业项目实践经验。团队不仅具有系统的机械工程知识体系，更具有全球重大工业项目的实践经验。2016 年，天泽智云做了一个地标式的项目——中车青岛四方的高速列车故障预测与健康管理系统。这个项目于 2018 年在美国拿到了 Intel 物联网全球奖。工业智能技术体系真正要做到在电力、钢铁、电子制造、轨道交通、焊接等行业落地应用。

“工欲善其事，必先利其器。”工业互联网蓬勃兴起，并以网络、平台、安全三大要素囊括了工业数字化、网络化、智能化的所有解决之道。从赋能物联网、赋能平台、赋能组织和赋能人才等方面，进行技术体系和能力的提升。

7. 期待 5G + 量子算力，突破未来瓶颈

目前，VR/AR 领域被视为在 5G 时代来临后最有可能率先爆发的项目。因为借助 5G 的低时延，能够让用户获得更好的游戏体验，享受到更高速率的 8K 视频画面品质等，这些都能给 VR 应用落地的体验带来质的飞越。

对于 VR/AR 游戏来说，画面的质感至关重要，它直接影响到用户 VR/AR 游戏时的感官体验。由于 VR/AR 终端设备距离人眼的距离近，因此尤其需要高分辨率、低延迟的画质，这样要求的原因一方面是提高画质，另一方面是避免卡顿引起眩晕，2K 基本的分辨率才刚刚入门，还远远达不到精细的效果。VR/AR 游戏必须在 5G 连接和 5G 芯片的网络环境中实现超清的 4K 甚至 8K 的画面。LET 网络的连接速度会大大影响 VR/AR 游戏的最终呈现，游戏过程中还会存在交互延迟、画面掉帧、不流畅等情况。想在 VR/AR 游戏世界里获得出色的体验，需要出色的网络连接，而 5G 带来的极致吞吐量、超低时延、一致体验和可靠连接，让数据的传输不再是问题，高带宽不惧大容量的高品质画质传输，Gbps 级别的超高速率以及毫秒级的时延，可以让玩家感受到高达 8K 的游戏画面，大大提升 VR/AR 游戏终端的画面逼真程度。而且，通过 5G 芯

片，在 5G 网络环境下 VR/AR 游戏过程中，用户是几乎感受不到延迟的，画面也将更加流畅自如，可以大大提升游戏的沉浸感。更为关键的是，5G 传输和云计算可以让 VR/AR 游戏摆脱烦琐的数据线和沉重的主机设备，让玩家更加轻松自如地走动，从而充分释放 VR/AR 游戏的魅力。

当某个设备处理和计算的是量子信息，且运行的是量子算法时，它就是量子计算机。按照传统算法，当用户需要查找某一个词组信息或者需要解决一个问题时，计算机要先把所有可能性列举出来并验证一遍，才能得到正确的信息，再报告给你。而量子计算机能够直接计算并提取出相应信息。要分解一个 129 位的数字需要 1600 台超级计算机联网工作 8 个月，而要分解一个 140 位的数字所需的时间将是几百年。但是如果利用一台量子计算机来进行，在几秒内就可得到结果，其运算能力相当于 1000 亿个奔腾处理器。

这就好比一个人要在 5 分钟内，从 5000 万本书的其中一本的某页上找一个字母，这是不可能实现的。用普通计算机找，就是靠计算机的能力一本本查找，而量子计算机则可以同时查找 5000 万本书，5 分钟内找到字母也就有可能了。

从电子计算机跨越到量子计算机，无论生产、科研还是日常生活领域，都将会经历一场颠覆性改变。这种量子算力用在商用 VR/AR 领域简直易如反掌，轻松就能让整个行业升级换代。

目前，量子计算机已经研制成功，只是在实际应用上还要解决一些问题，它的运行必须符合 3 个条件：真空环境、绝对零度和磁场保护。除了对环境要求严格，量子计算机在实际落地推广方面也会遇到一些障碍。由于量子计算机和电子计算机的算法完全不同，因此编程也需要从头开始，而且更加复杂。计算机工程师和程序员们需要掌握一套比现有算法更为复杂的编程方式，才能将这种超级算力引入我们的生活。

第五章 AR 内容革命

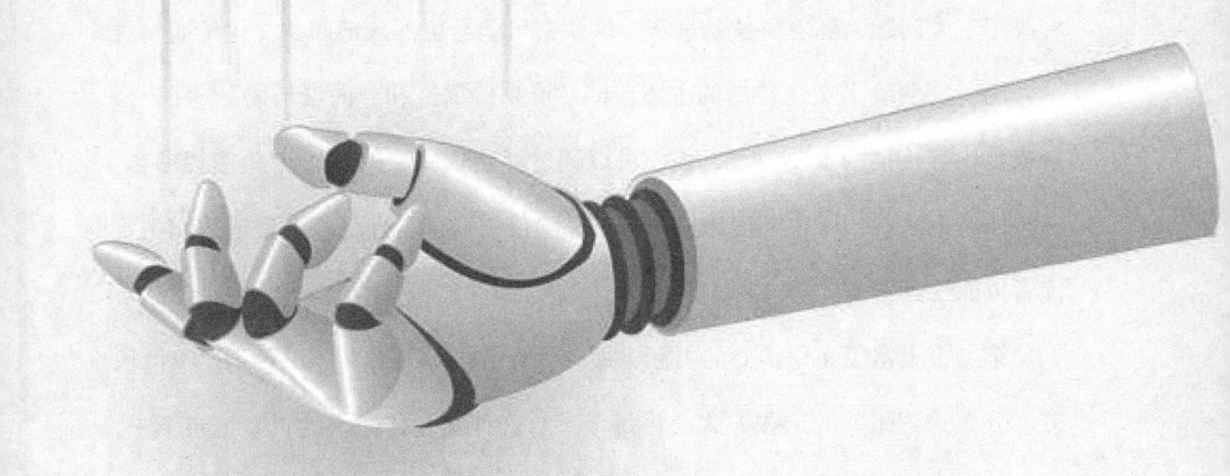

1. AR 引领数字资产大爆发

当前，区块链已经开始影响文化传播，在它的发展过程中，目前来看它解决了三大问题，随着科技的进步，区块链可能会更深入地影响文化传播。

第一，明确了文化传播的主体，即“谁来传播”和“向谁传播”。社会公众成了内容传播的重要力量，他们可以通过社交软件、视频 APP 等途径参与。从传播对象来看，区块链信息发布广泛，除传统的读者外，以上渠道的非主要读者也能受其影响。

第二，丰富了文化传播的内涵，即“为什么传播”和“怎么传播”。区块链“分布式记账”的记账方式会将每个参与这种文化传播人的贡献记录下来，并通过个人声望如粉丝数量、文章阅读量等予以体现，甚至能够直接将其转变为经济效益，这就激发了各主体的传播动力，鼓励其积极利用各种社交软件等途径来推进传播。

第三，区块链强化了信息安全和权益保护，使传播行为更加规范有序。区块链环境下，每一个参与者都可以选择公开还是保持信息隐私，每一个公开发布的信息都可以追根溯源且几乎不可能被更改，这种管理体系可以更好防范侵权行为发生，并保护创作者的知识产权。

高晓松2019年在母校清华大学做了一场特别的演讲，他深刻解读了5G与区块链，就是对区块链影响文化传播的生动解读。

现在人们已经感受到了信息的碎片化传播，而5G的到来将会加强信息与内容的这种碎片化传播趋势。区块链技术的分布式架构和良好的系统可伸缩性，使得它很适合用作大量富余零散资源的交易系统。这就将消解传统的头部内容公司的垄断优势，分发渠道一改变，年轻人在内容产业将迎来更多的创业机会。也就是说，有了这两项技术和概念，创作者才容易实现知识变现。

区块链可以做到分散版权的自动分发技术，当渠道、场景分散之后，音乐人就不需要和大唱片公司签约了。因为歌曲录制的成本是一样的，音乐说到底是纯粉丝驱动的行业，音乐人有了新的渠道，有了自己的粉丝，那么未来大唱片公司可能会消失掉。但是电影产业短时间内不可能消亡，它是完全不同的两种业态，有自己的工业体系，还需要资金驱动。

目前区块链还不能承担很多功能，它能做的更多的是交换，其特殊之处就在于即使信息和内容是碎片化依然能实现交换。文娱产业是呈金字塔状的，大量的用户获取内容，但实际上只有20%的粉丝付费，而且通常情况下只有1%的粉丝支付80%~90%的钱，这部分叫作“强价值”或者“硬核价值”，这是可以量化出来的，而像点击量这种弱价值是不好去衡量的。但是区块链可以做到衡量非常弱的价值，粉丝可以通过加密介质来兑换、抵扣有价值的产品。这个加密介质可以是积分、点数、某虚拟币。前提就是粉丝必须有活跃度，每天自主地推广，无形中就为产品做了运营，从而成为驱动整个行业前进的一个动力。

弱价值的交换还可以逐渐改变整个产业链生态。以往内容制作者要把收益的一部分给经纪人、编辑，但是有了区块链的分散版权，这部分可以直接给粉丝。

5G 从上游打散了所有的场景，然后区块链从底层开始把所有的弱价值收集起来，这意味着未来从底层开始，将会有大量碎片化创业机会。形象地说，就是创作者可以把满地的碎银子收起来。

2. 大融合：技术、娱乐与设计

随着新文创时代的到来，文化正在自觉地与以 VR、AR、人工智能、区块链等为代表的新科技结合，实现推动文创产业变革升级。

《2018 中国城市新文创活力指数报告》显示，2017 年我国文化及相关产业增加值 35462 亿元，占 GDP 比重 4.29%。2019 年上半年，我国文化产业和相关业务的总收入达到 4.06 万亿元，同比增长 7.9%。其中互联网广告，基于互联网的娱乐，数字出版物，可穿戴设备和虚拟现实产品的收入增长强劲，超过 20%。虽然我国文化及相关产业的数据在逐年上升，但是与发达国家和地区的这个数据相比还存在很大差距，这个数据在美国是 25% 左右，日本是 20% 左右，欧洲平均在 10%~15%，可见我国的文创产业还有很大的发展空间。腾讯副总裁程武表示："与其他行业的整合将为数字文化产业带来重要增长。市场可能价值超过 80 万亿元。"

新文创是一种更加系统的发展思维，即通过广泛的主体连接，推动文化价值和产业价值的互相赋能，从而实现高效的数字文化生产与 IP 构建。中国文化创意产业的发展需要这种全新的概念。2017 年中国独角兽企业在互联网服务、电子商务领域分布最多，紧随其后的是互联网金融、文化娱乐业。从新文创的概念来看，互联网服务、大数据与云计算、软件、人工智能、机器人、游戏等行业都有文创的身影。“文化 + 科技”的确更符合当下人们的消费习惯，也给中国文化创意产业注入了新的活力，开辟了新的路径。

以雄安新区为例，当地确立了发展目标，即将其打造为一座引领未来的智能之城，实体城市和数字虚拟城市将同生共长，相互映射，随着雄安新区全域走向智慧化，教育行业作为城市发展的有机力量将迎来发展模式的变革。在新文创领域，智慧教育产业化是大势所趋。

国内做好“文化 + 科技”文章的，最亮眼的当属故宫博物院。这座百年皇城在文化创新思维的引领下，近年来不仅搭上了电子商务的顺风车，更以其独具匠心的文创产品设计屡屡受到年轻人的追捧，推出的网红爆款更是层出不穷。

2019 年元旦，北京故宫博物院举办了“贺岁迎祥——紫禁城里过大年”展览，主要分为文物展览和实景体验两部分。寒冬中的紫禁城被布置一新，除了在宫殿门口悬挂春联、门神外，还在廊庑下装饰华美宫灯。“宫里过大年”的数字沉浸体验展则更为吸引眼球，由于展览限制客流量，很多游客为一饱眼福纷纷抢票，该展览一度达到了一票难求的地步。数字沉浸展创新性地为游客打造了一个文化与科技相融合的体验空间。展览分为门神佑福、冰嬉乐园、花开岁朝、戏幕画阁、赏灯观焰、纳福迎祥六个部分，运用数字投影、虚拟影像、互动捕捉等方式让游客沉浸式体验春节文化，与虚拟现实中的环境和人物亲密互动。

在此之前，故宫就曾举办过“发现 · 养心殿——主题数字体验展”，将传统文化与现代科技相结合，呈现出一个现实与虚拟交织的故宫。故宫博物院院长单霁翔说：“我们一方面让养心殿的真文物出门巡展，让外地的观众也能‘走进’养心殿，另一方面用数字技术，让养心殿‘活起来’，让年轻人更多地走进数字养心殿，走进传统文化。”

展览策划综合了大型高沉浸式投影屏幕、VR 头盔、体感捕捉设备、触摸屏等高科技设备，带领观众走进虚拟世界中的养心殿，运用 AI、VR、语音图像识别等多种先进技术，观众甚至可以与昔日的朝中重臣自由对话，全方位鉴赏珍贵文物。

故宫对 VR 技术的探索起步于 2000 年，近 20 年的时间里，积累了大量的故宫古建筑和文物三维数据。以这些准确而严谨的高精度数据结合交互技术，能够向观众完整、生动地展现故宫文化遗产所蕴含的历史风貌，再现紫禁城的明清古韵。在虚拟世界中，观众可以自主地深度探索，从不同的视角看到古建筑中很多难得一见的细节。除了建筑，展厅中还精选了陶瓷、玻璃、金银器、玉器、青铜、雕漆等文物的高精度数字化模型，用交互的方式呈现其制作工艺、纹饰特点、使用方式等。展览中，还运用语音语义和图像识别等人工智能技术，让观众可以和古代大臣简单对话。数字化的养心殿还可以搬至全国以及世界各地，向更多的人展示故宫的魅力，传播中国传统文化。

2019 年 9 月，网上流传一个故宫中秋雕刻激光投影秀的视频，人们看到夜幕下的故宫午门化身巨幕，在千万盏灯光的映照下流光溢彩。投影秀开场，午门仿佛被启动了机关，墙壁渐渐隐没在黑暗之中，接着月球、桂树、桂花登场，灯光一转，城墙还在，只是坍落的一段墙壁露出了海底的景象，一条金龙在水中潜泳，姿态活灵活现。紧接着城楼化身机关盒子，机关滚动翻飞，一条红色的机关龙腾飞穿梭。最后，蓝色的光柱将城楼的线条勾勒出来，又凝聚成一轮明月，最后灯光中的景象重又回到红墙金瓦、古韵十足的午门。这段视频当晚引爆了物联网，人们纷纷赞叹这次灯光秀比元宵节那次更加震撼，并且创意十足。

然而故宫方面却回答，中秋当晚午门并没有举行任何活动。原来，这是一家文创公司制作的视频，旨在展示他们的全息投影技术。在遗憾之余，我们不禁畅想，既然这种投影秀多次在国外的景点、地标上演，这次又获得了一致好评，为什么中国文化的传播不和这种震撼的视听艺术结合起来呢?

3. 幻境、实境，新的金矿场

19世纪末，卢米埃尔兄弟发明了电影。而乔治·梅里爱开拓了摄影的基本特技：停机再拍、慢动作、溶暗、淡出、叠印等，并首次使用舞台演员、布景、道具、服装和化装手段等方法进行摄影。电影艺术自诞生以来，100多年间和科技携手同行。正是因为有了科技的加持，电影才能到达如今画面美轮美奂、音效震撼、制作效率更高的水平。

2018年，第八届北京国际电影节首次设置了VR展映单元，共展映了8部国外优秀的VR影片。这8部作品涵盖的题材广泛，表现形式多样，有的是观众作为旁观者去观察故事里的人和事的，也有在一些地方设置交互的作品。影片的故事独特，内容震撼，最值得称道的是这些作品的观看体验，看完影片的观众说，自己仿佛回到了电影诞生之初，像个第一次看电影的人一样。这就是VR电影的冲击力。

不仅观看VR电影的观众在兴奋之余有一种茫然无措的感觉，就连电影人也发觉自己仿佛站在了一个全新的艺术门类前。他们必须像早年电影的拓荒者一样，逐步形成适应新媒介的工具与方法。

VR 电影就是虚拟现实电影，借助计算机系统及传感器技术生成三维环境，创造出一种崭新的人机交互方式，模拟人的视觉、听觉、触觉等感觉器官功能，使人能够沉浸在虚拟环境中，接触到全新的观影体验。VR 电影很有可能接棒 3D 电影，随着观影人群的日益年轻化，年轻观众对新事物接受力强，爱消费，注重品质，这使得市场需求发生变化，因此 VR 电影很有可能成为电影票房的一匹黑马。

对于电影产业来说，VR 技术带来的不仅仅是技术的冲击。电影工作者需要考虑其带给观众的全新的观感体验，这项全新技术在已有的 VR 电影中已经显示出一个现象，就是它将改变电影的叙事手法。因为 VR 电影给观众最直观的感受是他自身也处在电影情节里。当观众戴上 VR 设备，身边不再是观众和影厅，而是电影情节里的人物和环境，如果剧情需要，他甚至可以探寻周遭环境，自己当一回电影主角。

目前，国外的知名电影厂与科技巨头已经纷纷入局，20 世纪福克斯、华纳兄弟、派拉蒙、索尼、环球影业和迪士尼这“制片六巨头”均已推出各自的 VR 影视成品，Oculus、Google 和三星也搭建了自己的 VR 视频平台。国内电影行业的动向是，知名导演尝试拍摄 VR 电影并出征国际电影节，资本也成功运作，建成了首家专业 VR 影院。

VR 电影对创作者、观众，资本，乃至设备制造都是一场考验，对整个电影行业来说，既是机会又是挑战。

首先是电影内容的转变。VR 电影在带给观众新奇感的同时，也给影片制作者出了不小的难题。在全景的环境中，影视的基本概念“帧”不复存在，原有的理论体系变得不好使了。导演无法再像以前一样主导情节，也就是其话语权被削弱了。这导致了如今的 VR 电影更像宣传片或体验影像，观众的注意力被新奇的虚拟环境吸引了，宁愿自我摸索，也不再去观看其中故事情节。VR 电影的导演先要吸引观众安静下来看故事。

其次是拍摄技术的困境。相比传统电影成熟的工业体系，VR 电影的技术门槛更高，专业人才更少，制作过程更烦琐，消耗也就更高。最基本的一点，360 度的电影环境内，如何将设备、灯光和工作人员全部隐藏，不出现在镜头里，把有变无，这并不是一个简单的问题。

最后是观影设备的限制。VR 电影仍然面临着专属的终端设备价格昂贵的问题，低端硬件体验差，高端硬件花费不容忽视，在这一问题仍未解决之前，VR 电影势必只有小部分人能看到，这小部分人要么是电子产品发烧友，要么是深度电影爱好者。然而 VR 电影要想发展，肯定不能局限在小众圈子里。

一旦创作者和观众都适应了这种新的电影，其释放出的创作力将是相当可观的。除了在电影艺术的探索上，电影人将被激发创作欲，不仅能借助这种新的艺术形式来讲述新故事，很多已有的文学名著、经典佳片还可以进行重拍翻拍，释放商业价值。

电影产业发展至今，与技术的结合越来越紧密。传统电影将会在一段时间内继续存在，而 VR 电影的未来趋势不会被改变。预计至少还需要五年时间，VR 电影将全面进入我们的生活。

4. 年轻人的 AR 文创机遇

《文化部“十三五”时期文化科技创新规划》中提出，建设文化科技创新体系的指导思想、基本原则和发展目标。力争到 2020 年，基本形成以市场为导向，以需求为牵引，以应用为驱动，以文化科技企业为技术创新主体，以协同创新、研发攻关、成果转化、区域统筹、人才培养等为主要构成的文化科技创新体系。

文创产业的升温，为年轻人的创业提供了新的机遇，不论是以技术起家，还是在文创基础上寻求技术，都可以获得成功。科技为文化领域相关产业的发展拓宽了载体和渠道，文化使得科技变得更加美好，两者相辅相成。

2017 年初，北京市规划展览馆举办了“科技唤醒 + 城市记忆”活动，展览借助 AR 技术，将老北京“四九城”的城门景观和民俗生活生动地呈现在观众面前。5 月，在中国园林博物馆展出的“看见”圆明园数字体验展，通过实体搭建与 AR、VR 多种虚拟手段相结合，重现了“万园之园”的恢宏景观。

近年来，互联网技术的应用让收藏在博物馆里的文物、古籍里的文字“活”了起来。AR、VR 技术以其增强现实、虚实结合、实时交互等特点，为

体验者带来强烈的现场感和参与感，也让优秀传统文化焕发新的生命力，吸引更多年轻人走进博物馆。

杭州市多年来一直不断发展文化创意产业，力求构建和带动在国际上有较高知名度、在全国具有引领示范作用的文化产业带。杭州全市文化创意产业增加值以年均 15% 左右的速度递增，预计到 2022 年，文化创意产业增加值达 5000 亿元以上，其中，数字内容产业增加值达 3000 亿元以上。

从政府层面上支持并引导新兴行业发展，实施“文化 + 互联网 + 科技”产业推进工程，推进数字文化装备、数字舞台演艺、数字艺术展示等行业发展，打造国际动漫之都和全国游戏产业集聚中心。为了促进和鼓励文创企业发展，杭州市也从实际行动上给予文创企业政策和资金扶持。

一是打造行业内品牌企业。对完成股改、挂牌、上市的文创企业，分别给予 30 万元、20 万元、150 万元一次性奖励。实现资本再融资并在杭州领域投资的，最高补助资金达到 1000 万元。

二是培育中小文创企业。对通过高新技术企业和技术先进性服务企业评定的企业，可按有关规定减至按 15% 的税率征收企业所得税。

三是储备专业的文创人才。鼓励应届毕业生、在杭青年创新创业，最高可给予 50 万元的创业担保贷款。

在资本看来，如今也是文创行业的风口。一家创投公司的创始合伙人吴世春坚信，“文创领域有大钱可赚”，因为他的公司正是从文创类投资上赚取了第一桶金。2009 年，他投资了一家手游公司，最终获得了 1500 倍的回报。

2019 年，各家创投都在谨慎投资，但今年依然是文创投资产业的新起点。吴世春说：“1999 年到 2018 年，互联网把中国所有文创行业重做了一遍，像游

戏、音乐领域，催生了腾讯这样的互联网巨头；网大、手游、直播、短视频领域，诞生了爱奇艺、抖音这样的文创移动互联网巨头。”

站在5G技术的新起点上，文创行业又将迎来新的机遇，“诞生超级文创巨头”。除了新技术支撑外，当前环境下，网络基础设施也越来越完善，支付渠道多样。年青一代的互联网用户更是伴随着网络成长，他们的崛起必将带来新的创业活力和消费力。互联网一代“在游戏、影视等文创领域的消费，已经超过了食品消费”，并被培养出了成熟的付费习惯。吴世春认为，这都将对文创领域形成极大利好，文创的创业门槛越来越低。

5. 超级富豪产生地：AR 娱乐产业链

2016 年，虚拟现实和增强现实积累了资金、技术和经验，为 2017 年行业的发展壮大奠定了基础。业界甚至一度宣称 2016 年是“VR 元年”。从基础平台创建者，到创造丰富体验的开发者，虚拟现实为他们带来了无限的发展机遇。

随着 VR/AR 产业发展越来越深入，已经逐渐形成自己的生态系统。除了最基本的硬件研发和内容生产，在开发工具、引擎、教育、零售、医疗等产业链的不同环节和不同领域，都有 VR/AR 初创企业获得了投资。资本之所以对这个行业如此有信心，是看中了其作为 5G 时代的重要应用的价值，它的出现，将颠覆以往的网络使用习惯，乃至改变我们的生活、工作和娱乐的方式。预计到 2021 年，我国将有超过 1.5 亿人经常通过 VR/AR 平台访问互联网应用、内容和数据。

AR 的生态系统将拥有属于自己的产业链，涉及硬件、开发、应用程序、分发等环节。接下来我们一一做个了解。

首先在硬件环节，主要指的是头戴设备制造商，Magic Leap 是融资最多

的独角兽企业，累计融资额达到了 14 亿美元。2014 年初，Magic Leap 完成私募资金的 5000 万美元 A 轮融资。同年 10 月，公司获得由谷歌领投的 5.42 亿美元 B 轮融资。时隔一年，2016 年 Magic Leap 获得了 7.935 亿美元 C 轮投资，这一次不光是谷歌，阿里巴巴也参与其中。

AR 技术以头戴式显示器作为移动硬件和实现手段。如 Merge VR，提供头戴式显示器（HMD）、移动硬件或 VR/AR 应用程序的软件支持。

其次在开发环节，需要视频处理和引擎来完成图像拼接、处理和 VR 游戏引擎。其中提供图像捕获以及光场视频的公司，有像 Lytro 这样的开发用于 VR 内容的光场捕获相机硬件的公司；也有像 Unity 这样的游戏引擎在游戏产业应用广泛但越来越多地被应用于 VR 的公司；还有图形公司 OTOY 帮助呈现数字内容，这家公司吸引了来自包括 HBO、迪士尼和 AutoDesk 的投资。

再次在应用程序环节，分布着生产 VR/AR 应用程序和游戏的公司、投放内容的平台和应用、用于共享用户体验平台，还有为新的计算平台提供广告的公司。

最后在分发环节，国外以商场为主要体验场景，旨在带来更直观的、多样化的 VR 体验，还有一些 VR 主题馆、主题公园。

其实提到 AR 技术，很多人的认知来自那款现象级手游《Pokémon Go》，它让普通人第一次认识到了 AR 这项技术的存在，也让任天堂公司的这款经典游戏焕发出更大的活力。

纵观整个 AR 产业链可以看出，目前 AR 产业仍旧集中在前期研发投入阶段，主要指的是光场技术与 3D 扫描、3D 建模技术。即便是手握过亿，甚至过十亿美元融资的头部公司，依然在调整“小型化、价格平民化、高性能”这三大参数的平衡。虽然资本依然看好 AR 及其相关技术，但如果硬件企业迟迟不能交出一款令消费者接受的产品，那么作为中间过渡的 AR 终端设备将面临发展困境，而目前技术成熟的智能手机则将是最优的载体和爆发端。

在国内，受技术制约，以及文化、消费力等因素影响，很难出现《Pok émon Go》这样的爆款 AR 应用，目前我国的 AR 主要应用于直播、短视频和教育领域。

商汤科技在 2016 年就开始做人脸识别 + 贴纸、直播 AR 特效等技术，并为业务方打包成解决方案。在商汤科技产品执行总监王子彬看来，AR 并非单独存在，而是把人工智能和 AR 进行一个深度的融合，形成了商汤科技独特的一个人工智能 AR 方案，“AR 一直以来看起来都是一个偏娱乐的工具，但随着它的实践发展。但凡有摄像头有屏幕的地方都可以有这样一个展示层的出现，展示层的背后是人工智能作为背后的技术去理解整个世界”。依据国内用户的消费习惯和用户需求，商汤科技目前仍然着力于虚拟形象、智能终端等方面的研究和开发。

商汤科技原创的 SenseAR Avatar 特效引擎能够识别和定位到图片及视频中的人物面部、手势、肢体等部位，实现照片生成，为娱乐互联网行业的短视频、直播、图像美化、社交等应用提供增强现实特效解决方案，可以灵活应用在视频、直播、游戏等多种场景中。

同时，商汤科技还看中 AR 硬件市场，布局了 AR 眼镜及相关 AR 开发平台，期待其成为和手机一样重要的未来智慧设备。SenseAR Glass 眼镜平台具备优秀的场景感知和识别跟踪性能，借助商汤创新的稠密点云重建和物体识别等技术，提升 AR 眼镜中效果的真实感，打造更加真实的交互场景。此外，商

汤科技也在全力探索手势交互、语音交互等 AI 交互方式在 AR 眼镜中的配合应用。比如用 AR 眼镜来“养猫”，不仅能够“看”到猫在桌椅等家具上逼真的活动，“听”到猫的声音，还可以通过手势来与猫互动，极大地提升了 AR 交互的体验性。

近年来，谷歌、苹果、微软、亚马逊、Facebook、三星等大公司纷纷入局。可以预见的是，在 AR 生态的布局大战中，谁能掌握更多的技术，谁就能抢占到一块坚实的根据地。

6. AR+ 著作权，其实是个大生意

AR 时代，没有免费的午餐。在数字时代，这些数字内容是要花钱的。

2018 年上半年，北京市海淀区法院开庭受理了行业内首例“VR 作品著作权案”。原告公司诉称，被告公司未经许可，擅自使用了原告公司的 VR 全景摄影作品，侵犯了原告著作权。海淀法院审理了这起著作权案并当庭宣判：被告赔偿原告经济损失 462000 元及合理开支 32500 元。

原告公司是一家专业从事移动互联网和虚拟现实技术的研发公司，拥有专业的三维全景拍摄技术，创作完成了《故宫》《中国古动物馆》两部 VR 全景摄影作品，其中，作品《故宫》已进行了版权登记。然而不久后原告发现被告擅自在其网站平台上发表了两部作品中的 76 幅 VR 全景摄影作品，侵害了原告享有的信息网络权。虽然被告辩称原告的作品版权登记不全，己方既未对涉案作品进行任何编辑、整理和推荐，也未从涉案作品中获得经济利益，也删除了涉案内容，但法院仍判定被告侵权行为成立，需要赔偿原告。

可见虽然 VR 全景行业得到了爆发式的增长，国内大大小小 VR 全景公司如雨后春笋般涌现，但由于 VR 全景的内容基于全景素材的采集与制作，其中

的版权之争盘根错节。遇上版权纠纷，甚至是明目张胆的盗图，大部分全景摄影师没有时间精力去负担诉讼流程，但是随着法律的健全，判例的确定，以及网页上传留有的痕迹，这些倾注了创作者心血的作品，在面临维权时还是会变得更具有可操作性。

那么，在这起官司中起到决定性作用、保存了被告侵权证据的是什么技术呢？近几年反复被人们提起的区块链概念，正是原告打赢这场官司的关键。区块链这项技术是一种去中心化数据库，是一串使用密码学的方法相关联而产生的数据块，每个数据块相对独立，其中包含了一次网络交易的信息，因此它就可以用来验证这个信息的有效性。

区块链是由多个机构或者多个公司的服务器作为节点构成的一个网络，这个网络当中某一个节点会对一个时间段内产生的数据压缩打包，形成一个块。然后把这个块同步到整个区块链网络上，网络上其他节点接收到这个块之后要对这个块进行验证，验证通过以后，就把这个块加到自己的本地服务器上面。最后，网络内部所有的数据都通过相同的方式来打包成块，块块相连也就形成了区块链。在其他节点登记上传块的时候，是很难去修改其中包括版权信息的各项数据的。如果要修改其中一个块链数据的话，就需要修改这个区块之后所有的区块内容，同时，还要把区块链网络当中其他机构以及其他服务器上的备份数据进行修改，这是很难做到的。因此，区块链具有难以被篡改和难以删除的特点，作为一种存证方法，它在保存电子证据内容完整性方面具有非常高的可靠性。

既然区块链在版权保护上具备这样的优势，自然也就成为版权登记和明确的有力技术支持。通过区块链技术，可以将数字作品的作者、内容和时间

绑定在一起，所有证据都被固定在链条上，发生盗用、篡改等侵权行为的可能性就进一步降低。在网络技术飞速发展的当下，该如何走好版权保护与发展之路呢?

首先，内容创作者需要保护好自己的知识产权，如果创作者的版权意识薄弱，必然会制约版权保护的主动性。就像上述的VR全景拍摄，如果摄影师不追诉，侵权行为就得不到遏止。而像数字音乐产品，如果创作者一味埋头创作，不懂区块链技术，也不懂得去维权，无形中就将损失巨大的经济利益。另外版权法律不完善，也在一定程度上制约了版权保护的全面性。

其次，网络服务提供商要积极主动去制止侵权行为，而不是简单地利用“避风港机制”规避应承担的责任。“在数字经济和互联网条件下，很多作品都以数字形式出现，技术保护、信息管理措施对网络版权保护非常重要。”同济大学上海国际知识产权学院教授刘晓海说。

网络著作权领域起步不久，其中问题和商机并存，如果有机构、团队或专业公司熟悉数字产品维权，能提供全方位、多维度的版权服务，既是对创作者的保护，也将促进版权产业的健康发展。

7. 全球大企业的 AR 文创布局

提起奈飞，有的人可能一时反应不过来，但如果放上它的英文标志“Netflix”，熟悉美剧的人应该就恍然大悟了，这是美国最著名的视频网站，每季最火的电视剧集都会登录这个平台。奈飞还有强大的制作团队，生产原创自制剧。而论体量，奈飞是美国五大科技股“FAANG”中的一员，和脸书、亚马逊、苹果、谷歌比肩，在 2018 年，它甚至超越了迪士尼，成为全球最大媒体公司。从创立到成为商业巨无霸，奈飞仅用了 20 年，涨幅高达 6168.47%，它的发展被誉为现象级的发展。

奈飞在内容方面的投入力度远超其竞争对手。比较美国本土近几年主要流媒体网站在内容投入上的数据，可以看出奈飞在内容上的投入远远超过其竞争对手，直接可以用“烧钱”来形容。比如，2017 年奈飞在内容方面投入了 89.1 亿美元，而 HBO 仅投入了 22.6 亿美元，前者几乎是后者的 4 倍。

近年奈飞的原创屡屡获奖。2013 年，奈飞的第一部原创政治剧《纸牌屋》第一季播出，一炮打响，获得了 33 项黄金时段艾美奖提名和 8 项金球奖提名。此后，奈飞像做原创内容做上瘾一般，每年都在加大这部分的预算。

在持续多年的疯狂烧钱过程中，奈飞旨在打造更加丰富和优质的原创内容库。当其在内容投入达到一定阶段和程度，内容库已足够丰富之后，就可以满足大部分原有用户和新用户的观看需求，后续只需进行一定的内容投入，对内容库进行补充和更新，就可以以较小的成本留住老用户和获取新用户，而收入端则可以通过提价方式保持更高的增长，这就是奈飞的经营理念。2018 年的经营数据也验证了这一判断。

2018 年，奈飞的内容投入预算为 120 亿美元，主要用作原创内容的生产，产出了 80 部电影、30 部动漫等。截至 2018 年底，奈飞的原创内容数量突破了 700 部。如果将奈飞与它的竞争对手亚马逊相比，我们会发现亚马逊内容库中拥有多达 3 万部作品，但如果只看原创内容，奈飞则远超亚马逊。

和奈飞同场角逐市场份额的还有 HBO，这家流媒体公司隶属于老牌电影公司时代华纳，其自制剧《权力的游戏》共播出八季，在全球收获了大量的影迷。然而在 2016 年，美国电话电报公司（AT&T）却宣布以 854 亿美元现金和股票收购时代华纳，并额外承担其债务。

时代华纳旗下拥有 CNN、HBO、TNT、TBS 等大量知名电视频道，以及电影制片公司华纳兄弟等。华纳兄弟手中握着“哈利·波特”系列这一超级 IP，还拥有克里斯多夫·诺兰这样的知名大导演，十几年间赚取了大量票房。为了抗衡奈飞，时代华纳拆分出了不同定位的电视频道，来稳固自己在文化内容方面的地位。然而近几年随着电影投资频频失利，旗下著名的 DC 漫画远没有迪士尼打造的“漫威宇宙”影响力大，华纳开始显出颓势。在一番积极布局之后，时代华纳依然还是接受了被收购的命运。

从收购方来看，AT&T 作为美国第二大电信运营商，急需完成业务转型，因为在移动互联网时代，人们打电话、发短信的需求越来越小，传统的运营商业务陷入停滞，不见起色，为了不把自己困死，AT&T 必须尽快找到新的业绩增长点。这次 AT&T 一举收购时代华纳，顺手将其所占有的市场份额纳入囊中，成功转型为媒体巨头。而在今后，AT&T 从电视和媒体服务获得的收入预计将占总收入的 40%，这对于 AT&T 这家传统的电信运营商来说是一次根本上的业务转型。

媒体认为，AT&T 将在体育赛事转播、电影票房收入、付费电视频道三大业务上获取收入。一方面 AT&T 可以用自己的现金流为这三大板块注入资金，另一方面，也可以借助华纳兄弟和 HBO 的成熟 IP 和品牌效应，获得可观的营收。

BAT 是中国互联网公司百度公司（Baidu）、阿里巴巴集团（Alibaba）、腾讯公司（Tencent）三大巨头首字母的缩写。中国互联网发展近 20 年，百度、阿里巴巴、腾讯三家公司可谓是各领风骚，但在移动互联网崛起之际，它们的增速已经从过去十年的两位数水平开始放缓。过去五年，三家巨头共投资了 30 家各个领域的已上市公司和几百家未上市公司。中国互联网未上市创业公司估值前 30 名的公司，80% 背后有 BAT 的身影。

《2018—2019 中国文化创意产业现状及发展趋势分析报告》显示，文化及相关产业继续向国民经济支柱性产业迈进。文化产业总体融资规模不断扩大。人们实际从市场上看到，消费者对娱乐产业的需求也的确是在不断上升，各大细分领域独角兽企业频现。这样蓬勃发展的产业立刻吸引了 BAT 的注意，嗅觉敏锐的 BAT 相继加码文化娱乐产业，一时间文娱行业成为资本风口，呈现出内容形式和结构的多元化、年轻化。

2018 年中国手机游戏用户规模达到 5.65 亿人、音乐客户端用户规模达到 5.43 亿人、动漫用户规模达到 2.76 亿人、知识付费用户规模达到 2.92 亿人。整个文创产业则呈现出游戏动漫、音乐音频等行业共同发展的特点。BAT 在这些领域挑选有潜力的公司投资，但是重心还是落在了受众群体最广的互联网视频上。

由于政治、经济、文化上的差异，任何视频平台都不可能复制奈飞的成功策略。从月活和付费会员数来看，我国的互联网视频平台竞争加剧，目前已经形成了爱奇艺、腾讯视频、优酷构成的第一梯队，分属于 BAT 三家，竞争一直处于白热化状态，既难出现挤哪家出局，又不会出现一家独大。最近三年，视频平台竞争格局的唯一实质性变化，是乐视网退出第一梯队。

中国互联网公司成功很大程度上归因于人口红利带来的流量红利，所以国内的互联网巨头都有“流量恐惧症”，凡是有巨大流量的地方都是不能放弃的战略要地。而美国由于人口数量和中国差距较大，互联网巨头重质不重量，走的是科技创新路线。比如谷歌和脸书就将精力主要集中在人工智能和 VR/AR 上，亚马逊之前也是在云计算投入比较多，并没有把流媒体业务作为战略的重点。

而 BAT 重点布局科创，还不放弃文创，全面铺开带来的后果就是内容的水平普遍不高，中国电影和电视剧目前在海外的认可度和受欢迎程度并不高，尽管也有 IP 外销，但后期的反响平平，因此，自身缺乏过硬内容库的三大视频平台很难像奈飞那样出征海外。

第六章 AR商业

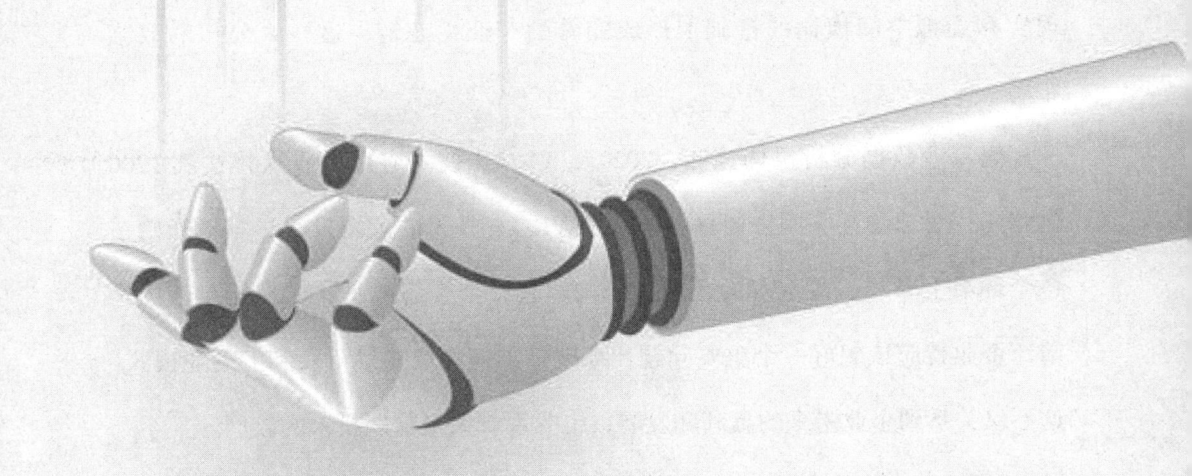

1. AR 巨型商业生态链战略

大公司的布局，一般都是生态链。预测未来数十年，在数字经济、AR，现实和虚拟空间模糊的基础上形成完善的产业生态链，这些大公司的战略布局。

据专业数据分析机构预测，2020 年 VR/AR 技术应用的收入将达到 1200 亿美元，全球的互联网公司早就提到了 VR/AR 技术的大爆发，早早地开始在各个环节上布局，甚至有的还想独自构建起整个生态链。其实在抢入市场之前，企业就应该想好一个重要问题，那就是如何建立持续可获利的商业模式，这不仅关系到企业未来的赢利和发展，也关系着大量前期投入的收回。

目前 VR/AR 的应用已经涉及电子游戏、视频直播、影视娱乐、医疗健康、房地产、电子商务、教育、旅游、工业和军事等领域。VR/AR 技术初步形成了一条集硬件、系统、平台、应用、内容等诸多环节的产业链，但技术水平仍处于发展的初级阶段，产业链还比较单薄，没有形成一个立体完善的生态系统。

在硬件方面，各家互联网公司首先做的就是自主设计的硬件，以谷歌推出的 AR 眼镜为标志，各大公司纷纷起跑，包括微软、苹果、Facebook、HTC、索尼等纷纷投入硬件市场。各家之所以瞄准硬件作为必争之地，是因为硬件是平台转型时期的前期战略性高地，比如苹果就凭借手机从电脑公司转变为包含智能终端在内的科技公司。

在国内，硬件销售同样是该领域内抢滩 AR/VR 市场的首个立足点。只是国内的技术水平还落后于国外同行业，相比国外高端设备在技术水平和体验程度上的成熟，很多创业公司空有热情和构思，但设计水平仍然有限。不过好在市场对国产优质设备的诞生还是有期待的，所以优质的体验设备仍有非常大的发展空间。

2016 年阿里巴巴领投 Magic Leap C 轮融资。这一布局一开始让人看不懂，为什么一家中国的电子商务巨头要投资一家没有产品硬件的创业公司，而且一投就是数亿美元？这正是因为阿里巴巴看中了 Magic Leap 所做的 VR/AR 内容。着手升级电子商务的购物模式，将沿用了十几年的网站升级为 VR 体验产品，结合支付宝打造全新虚拟现实购物场景，这无疑将是对传统线下零售业的新打击。

拥有广泛用户基础的微信也在考虑打造一条 VR 生态产业链，在朋友圈和微信支付的基础上，搭建简明易操作的虚拟店铺，从宣传引流到交易支付，再到物流发货，平台的主要功能和所进驻的服务商都能帮助用户实现。

国内对 VR/AR 广告还不够重视，没有充分认识到其中蕴含的价值。AR 广告是带动产品与用户趣味互动体验感非常强的展现方式。它既基于传统的广告模式，又融入了技术创新，可以大大提升产品的价值。比如用 AR 终端设备扫描指定的海报、橱窗，原本静止的广告会变成动态的，甚至与消费者实现

互动。

VR 广告则可以做场景植入。比如在游戏场景中，玩家依然能看到虚拟街区的饮料、餐馆广告，这种植入让人有一种亲切感，感觉即使在虚拟场景中依然能看到现实世界里的物品，对产品的接受度也就无形中升高了。VR/AR 广告比任何富媒体更逼真，更吸引眼球，也就蕴含着更大的商机。

全新的 VR/AR 智能终端设备还会带来移动网络数据和语音业务的收入，这将会给电信运营商带来一笔不小的收入。运营商可以用免费吸引用户使用，但是想要更流畅的播放、更高的分辨率，就需要更高的带宽。VR/AR 的应用将打破电信运营商营收瓶颈的困境。

大型互联网还可以在 VR/AR 应用内植入增值服务，从而让虚拟场景成为一个新的获取内容的端口，当然优质的内容和工具其价值必将会获得用户的推崇，有望开辟一个新的渠道。而平台在其中可以参考已有的电商模式收取入驻费。

细分类工具如阅读、有声读物、游戏等订阅类服务，是 VR/AR 入局的又一个领域。如果有基于 VR/AR 平台研发的付费产品，这种崭新的视听体验，也会开拓一片全新的内容领域。奈飞、亚马逊就在相关领域尝试为用户提供服务。

除了消费级产品，微软、Meta 等公司也想为企业市场提供解决方案，做大 B2B 市场。比如在医疗、教育、建筑施工、维修维护服务、军事等领域开展针对企业用户的服务。国内的 B2B 销售在开发制作，内容创新等方面走的是个性化定制，在充分了解企业核心诉求之后，有针对性地解决企业某阶段或某环节的发展要求，而无法制作出一个通用的方案模板。虽然企业用户的技术咨询费、服务费预算充足，但企业市场的拓展速度较缓慢，必须由商务一家家谈判，无法形成用户的指数级增长。

像索尼这样以数字娱乐为主的公司，则着力布局高端 VR 游戏，通过自主销售和线上平台分发，游戏发烧友们作为核心用户愿意为高质量的游戏内容付费。对于广大的潜在用户，国内采用的是线下游戏体验店的模式在引流，优质的 VR 游戏在线下体验中也是能获得玩家的青睐。但是未来更长期的用户增长、回购率以及能否培养出用户的消费习惯，都是内容和运营需要深耕的。

VR/AR 技术发展的脚步难以阻挡，虽然未来还会面临挑战，但是在巨型互联网企业的带领和投入下，一套完整的生态产业链终将建成，新的产业链将集优质的硬件、网络、内容、服务于一体，不断完善产业业态，甚至有可能取代智能手机，成为新一代的智能终端。

2. 应用路径：B 端导入，C 端爆发

VR/AR 在 B 端已经落地许多应用场景，包括教育、医疗、安防、培训、地产、文旅、体育等。由于企业用户的定制要求更具体，相关费用预算能及时到位，其技术发展比 C 端更成熟。

除了学校教育中的 VR/AR 课堂、实验，地产项目的 VR 看房，虚拟现实和现实增强还广泛地应用在各行各业。

2018 年，沃尔玛采购了 1.7 万台 VR 头盔来做员工培训，美国陆军也和微软签订了 4.8 亿美元的大单，主要是应用在演习训练，用于增强实战中单兵的作战力。

VR/AR 的 B 端应用在国内也有一些优秀的成功案例，比如，西安市儿童医院神经外科治疗团队曾在 AR 技术辅助下完成儿童颅内手术，武汉协和医院利用 HoloLens 为新疆博州人民医院远程指导，并完成远程 MR 会诊手术。

目前 B 端市场的解决方案都是有针对性地解决企业问题，也就是一事一议，无法通用，这样分布散乱的点也就难以构成功能完整的生态系统。

在 VR/AR 技术发展的道路上，必须经历 B 端导入，C 端爆发的途径，因为企业用户具备充足的资金预算和相对多的需求。这使得内容制作者和设备生产商有空间去提升整个方案的完整度，在大量实际操作中，还能收集数据，不断升级产品。

目前 AR 头显市场中用户基数最大的产品是 HoloLens（一代），微软在 2018 年 5 月曾宣称，该设备销量已达到 5 万台，而短期内，美军 IVAS 项目还将为微软带来 10 万台 AR 头显订单。其他 AR 头显公司方面，如：Vuzix 的活跃 B 端用户人数达几万，谷歌并未透露企业级 Google Glass 的用户人数，而 Magic Leap One 并不是一款专用于 B 端的 AR 头显，B 端用户人数目前也未知。这样一来，微软 AR 头显的活跃用户数将达到几十万规模。这些都将支撑企业进一步展开研发。

据统计，在 AR 智能终端设备方面，兼容 AR 的智能手机和平板电脑数量达数亿台，只不过目前受网络带宽限制，真正引爆销量的时刻还没有到来。当 5G 网络正式运行时，市场会进一步释放需求，AR 智能终端的保有量将呈井喷式爆发。

VR/AR 要想提高 C 端市场普及率，需要进一步降低设备的价格，同时关注更广大用户的使用体验。

3. 地点互联网：无论在哪，都在现场

目前视频直播火爆，行走在互联网风口浪尖上，为了让自身更吸引用户，各家直播平台为打破日益严重的同质化困境，都在将VR、AR、人工智能等高新科技融入直播场景。其中最重要的技术是即将来临的5G网络，业界普遍看好5G时代下VR/AR所带来的新变革。

国内外企业正在积极布局VR直播的相关应用和业务，为用户提供随时随地、身临其境的体验。国内VR直播行业在未来几年内会呈现比较稳定的增长趋势，这一新技术的落地，为逐渐成熟起来的直播产业注入了新的活力，预计在2023年后，VR直播将会以更快的速度发展。

目前国外企业所部署的VR直播，以体育、电竞为主，但是要开启大型的VR全景直播，还有诸多难点需要克服。

第一，VR直播技术不成熟，用户心理落差较大。在技术上，仍然受限于网络带宽，造成画面分辨率低、画质差，使用户体验大打折扣，而一直为人们所诟病的网络延时问题，更是容易在近距离观看时产生晕眩感。另外受VR头

显设备售价影响，还不同程度地存在设备佩戴不舒适、声音不够清晰逼真等问题，这都是 VR 直播，包括整个 VR 产业发展需要克服的难题。

第二，VR 直播内容产出者和观看者双方的成本高企。假设普通的视频网站会员一个月只需要 20 元到 30 元，而要投放和收看 VR 直播，由于各个环节的成本升高，最后内容方要保持同样的利润率，高昂的制作成本就会转嫁给用户，这必然会造成用户流失。

第三，VR 直播应用生态尚未搭建完成。目前 VR 直播的应用场景和应用人群还非常有限，VR 直播的应用生态尚不成熟。绝大多数的 VR 直播都停留在娱乐影视、体育直播和网红直播中。前两者整体是由专业的团队完成的，而后者只能依靠个体本身的影响力和本身内容质量。设备不足致使优质内容缺乏，内容的缺乏就很难产生用户黏性，最终也就无法变现。

同样的问题也出现在 AR 技术上，近几年，每年的央视春晚都会出现 AR 特效的身影，当电视屏幕上出现精致逼真的虚拟影像，这些在现场观看晚会的观众看不到，而观看电视直播的观众则有幸一睹这项先进技术。但是这种现实增强，只有像电视台、直播平台等有专业团队提供技术支持的才能产出。

普通消费者熟悉的视频直播中的趣味贴纸、动态效果，这些只能算是最初级的 AR 直播玩法，严格来说只是简单的 AR 特效，这种屏幕级的特效简单、成本较低，搞怪有余，技术含量不足。

还有一类 AR 结合了人脸识别、手势识别等前沿技术，依托 AR 技术中的识别跟踪算法，例如人脸特征识别，叠加虚拟道具且稳定跟踪，相较上一种，虚实融合效果有所提升。

在直播场景中还包括一类场景级的 AR 特效，这类对技术的要求才真正具有含金量，其中不仅是对人像的简单识别跟踪，还要对环境做感知融合。随着记者或主播的视角，周围环境和行人都是实时变动的，其应用有即时定位与地图构建技术识别环境特征、真实物体检测与虚拟三维构建实现虚实遮挡。

其实央视春晚的 AR 特效也算是这一类，经过多次实地彩排和固定机位的设置，AR 模型特效等融合效果就不易穿帮，从而为电视机前的观众呈现一幕幕奇思妙想、绚烂瑰丽的奇特景观。

4. 可视化管理革命

可视化的管理意味着管理者能够实时得到企业和组织运行的全部数据，而且数据关系能够借助 AR 在眼前显示出来。由于 AR 数据在显示的时候能够提供数字的结构关系，所以能够为管理者更好地决策提供依据。

在企业实施现场管理中常常会涉及可视化管理，这是实现智能化管理的重要应用。这种新的管理体系是指利用 IT 系统，让管理者有效掌握企业信息，实现管理上的透明化与可视化。这样管理效果可以渗透到企业人力资源、供应链、生产、仓储物流、客户管理等各个环节。比起传统的会议 PPT，呈现的数据更直观，也让企业内部的信息能更有效地传达，提高效率，从而实现管理的透明化。

可视化管理的目的是打造简单、透明、一目了然的工作现场，用强化视觉识别的方式把管理的对象和管理重点进行展示与强调，同时还要确保安全生产。理想情况下，熟悉这个管理体系的人都能够一目了然地评估当前状况，即使偶尔路过的观察者也是如此。员工还需要可视化显示，以显示他们的期望目标进度，并了解到生产状态和客户需求。

也就是说，是对原料、工具、设备、区域等需要加强管理或需要向大家明确的事物，用各种直观的标志，以显而易见的方式标识出来，使得现场的每个人都清楚“那里有什么”“什么在哪里”“数量有多少”“什么状态”“如何控制”。

而融合了 AR 技术的工作场景，可视化管理系统的提示，完全可由虚拟物品代替，各种信号灯、规章制度、流程图等可视化管理工具，都可以进行虚拟建模，叠加在现实场景上。如果有更换标志的情况，只需要在 AR 眼镜上触控调整，不必再登高更换。通过 AR 眼镜上的显示屏，管理者、工程师或产业工人可以轻松识别各种特定区域，发现违规堆放的原料，或是及时发现物料不足。就算是刚上岗的新员工，也可以根据培训教程的提示，在几天内完全记住管理体系，应付突发情况。在这里，不分领导和工人，人人都是企业的管理者、决策者，每名员工在紧要关头都可以基于大数据分析给出的初步决策建议，实施下一步决策。

除了在工厂车间里发生的可视化管理革命，在国内大型企业园区内，也有高新科技在后台运作。华为以物联网、大数据、云计算、人工智能、移动互联等数字技术为基础，打造了全数字化园区，对超过 600 万个管理对象进行管理，不仅是对人，还是对物，都能可视追踪，园区内部就是一个小型智慧小镇。园区整体由智能运营中心控制，集成了园区内管理人员、工作、资产、设备所有的相关系统，汇聚消防、资产、能源等各领域的数据，方便实时调取整体运营情况。系统还基于大数据进行深度分析，向管理者提供初步决策建议，做出经营风险、生产管控等预警，确保预防异常情况，或将影响降到最低。

在美国硅谷，创新的管理模式又是另一番景象。著名的谷歌公司采用了与传统企业截然不同的组织结构。除了为员工提供舒适优越的工作环境、给予丰厚的薪酬待遇和福利以及个性化的工作安排，其独特的管理方式才是谷歌能够吸引各领域的人才的秘诀。谷歌最看重的是有想法、有创造力、有学习力，最怕的是员工安安分分、不够聪明。谷歌模式的核心是真正向员工放权。很多公司在谈管理模式时讲民主，但是管理和决策时仍然是集权。

谷歌的第一种管理模式是让新员工放弃在 10% 的细节上纠结，转而去做 10 倍的改善工作来稀释这些不足。

谷歌的第二种管理模式是“快速失败”。管理者要求员工勇于尝试，从失败中吸取教训，通过不断的学习和自我提升，减少犯错的概率。

谷歌的第三种管理模式是在决策过程中重视数据的力量，不迷信经验、直觉，或者管理层级。

在互联网时代，传统的管理模式是行不通的，面对新的商业模式冲击。要改变企业的管理模式，就要改变领导思维和行为方式，真正提升领导力。互联网企业的发展导致企业的组织形态发生了非常深刻的变化。这些变化要求企业中的人积极调整和学习，以适应变化。

首先是组织变得公开透明化。传统企业组织有着不透明、半透明的特点，一是怕管理层到基层因财务透明而产生心理不平衡；二是怕业绩透明后营收下滑会影响军心；三是战略透明怕太多人指手画脚。互联网时代的透明化恰恰是团结每个个体最重要的手段。

其次是从自上而下的金字塔结构变为扁平化、小分队结构。扁平化的组

织结构意味着信息可以更快地传达与反应，中途不受阻碍和滞留；小分队意味着突破已有的固定组织形态和思维模式，在风险可控的情况下独立开展项目，实现产品的快速迭代。

互联网时代的领导力叫作平行领导力，就是在平等的层级关系下，用企业的愿景和价值观、个人的情商和性格魅力、良好的沟通协调等方式推动团队向前发展并有效完成既定目标的领导能力。

相比垂直领导力的一以贯之和高效执行，具备平行领导力的领导者也存在管理难点，比如，如何更好地驱动执行力差的人、怎样统一团队的思想与目标、怎样去减少企业前进过程中的能耗。

解决以上难点的一大抓手就是升级管理工具，让管理与扁平化、小分队的组织架构更匹配。比如：推行可视化管理，将每个人的工作目标和进度通过系统或特定的看板可视化、公开化，从而督促员工提升自我管理。管理游戏化，在目标达成上设置闯关游戏，并邀请他人帮助闯关，提供协同支持、资源支持等；或者开展团队竞赛，以游戏的方式建立竞赛规则，在竞赛中建立自驱力。管理互动化，腾讯学院就用产品经理的思维来做培训，让员工充分参与到培训课程的制作中，让员工自己设计、自己演课程，并对课程结果进行点评和排序。

5. 超级体验经济来临

“在互联网时代，规模经济转向体验经济，才是未来的发展方向。”海尔集团董事局主席、首席执行官张瑞敏说。

提起体验经济，人们可能还有点陌生。共享经济的概念随着共享单车普及了，那么，体验经济又是什么呢？体验经济是20世纪70年代提出的一种观点，美国未来学家阿尔文·托夫勒指出：“服务业最终会超过制造业，体验生产又会超过服务业。”他预言人类社会在经历了农业经济、工业经济、服务经济之后，下一步将进入体验经济。现在我们再来看体验经济，会发现它的崛起是伴随着互联网的发展和普及的。在欧美等发达国家，体验经济正渗透到各行各业，涵盖了工业、农业、计算机业、互联网、旅游业、商业、服务业、餐饮业、娱乐业等多个领域。中国也即将全面迎来体验经济。

我们常说，互联网时代，商家格外重视消费者体验，这就是传统“买方市场”向用户体验的转变。体验经济则详细地规范了消费者体验的各个维度。在设计产品时从生活与情境出发，塑造感官体验及心理认同的变化，从而改变了消费行为，为产品和服务找到体验经济新的生存空间。厂商深知任何一次体验都会给体验者打上深刻的烙印，这种印记可能会持续几天、几年，甚至终生。

体验经济为什么到来呢？它能带给消费者什么呢？美国作家约瑟夫·佩恩也在《体验经济》一书中提出，“商品是有形的，服务是无形的，而创造出的体验是令人难忘的”。“产品和服务已经无法继续支持经济增长，无法提供新的工作机会，无法维持经济繁荣。要想实现收入增长，提供更多的工作机会，我们必须把‘体验’作为一种全新的经济形式去努力实现。”

从生产商的角度来看，全球发展的趋势是进一步数字化、进一步加快工业 4.0、进一步实现智慧制造。但从消费者的角度来看，人们则更注重自身的想法和体会，体验经济也就应运而生了。很多大公司都声称自己是在服务消费者，在争取顾客的满意。但是“二八定律”告诉我们，80% 的企业认为他们是在为顾客服务，但只有 20% 的顾客认为他们获得了满意的服务。此间的差距就是体验经济的市场。

2017 年，在中国（深圳）IT 领袖峰会上，马云在主题演讲中鲜明地提出：“未来 30 年不是力量竞争，不是知识竞争，而是服务别人能力的竞争、体验的竞争。”

爱旅行的年轻人应该听说过一款软件——爱彼迎，这是一种“互联网 + 民宿”，更是一种体验经济。2019 年上半年美高梅国际酒店集团聘用了一位前互联网高管做商业发展总裁。这说明了美高梅对酒店运营理念的转变，终于重视起互联网的作用，想要在体验经济上大做文章。但他们仍然慢了爱彼迎一步。爱彼迎搭建了自身平台，依靠房东打造独特的入住体验，同时向世界各地的旅行者提供住宿预订服务。这种模式吸引了很多旅行者，居然在酒店行业中硬生生分离出一个“民宿”的概念。

那么，好的旅行住宿应该具备哪些特点呢？波士顿酒店评论总结说，一个酒店应该涵盖逃避主义、教育、娱乐、审美、个性化、社区、本地化、友好性、偶然性和道德消费等概念。这些特点说起来容易，做起来难，传统酒店和短租平台加起来都不一定全部具备。虽然爱彼迎这类平台具有竞争力，但要想在短短几年间撼动传统酒店的地位，几乎是不可能的。况且酒店也开始聘用深谙互联网运营的高端管理人才，开始着手数字化转型，搭上体验经济的快车。那么酒店该如何开始呢？酒店应该从三方面入手，打造优质体验。

第一个方面是酒店服务。传统酒店有充足的人力资源用于服务，而且他们都接受过专业训练。服务人员能够及时回复游客咨询，按标准的操作规程整理房间，而且游客入住酒店不必担心改变自己的生活习惯。

反观民宿，短租平台无法确保房东及时响应，无法预知房东的语气和措辞是否规范，也无法规定房东的生活习惯。比较极端的情况是游客可能会遇上一个邋遢的房东，留下一次非常不好的体验。

因此，除了小部分好奇心旺盛、喜欢新鲜刺激事物的游客，大部分的游客还是倾向于稳定、整洁的酒店。

第二个方面是体验。为了提升体验的竞争力，一些豪华酒店会设计优质的服务，如提供健身房、游泳池、体验课程，甚至是豪车租借服务等。

爱彼迎的增值服务则是当地导游、地接的个性化旅游项目，让游客有真正融入当地生活的感觉。

第三个方面是数字化。在数字化进程上，网络短租平台显然比酒店先行一步。不过现在酒店也将数字化纳入体验服务当中。游客同样可以通过酒店

APP 预订房间，评价入住体验，而酒店更是可以在 APP 上更新一些当地的旅游信息，为客人提供服务，增加其好感度。

在 5G 即将到来且各行各业开始消费升级的时代，伴随互联网长大的 95 后即将成为消费主体。他们具有鲜明的特性，整个成长过程中，感受到的是现实生活与网络生活融为一体，密不可分。他们能够随时访问信息和数字资源，掌握更多知识，也更加独立自主，对产品、服务或品牌都有自己的评判体系和标准。

可以说，当今商业竞争的白热化，已经是“言必称痛点”，每一个决策都带有明确的目的性，而且必须在客户产生想法前提前预知。这就意味着公司不能再等待客户来找自己，而是在客户群体和客户需求出现的那一刻，甚至更早之前，就该着手应对。这就是体验经济要时常思考的问题。

6. 案例，AR 引领医疗革命

2017 年初，山东省威海市中心医院的门诊接诊了一位 60 多岁的老人。为了他，中心医院调集外科精英，由院长丛海波牵头，用上了当今世界上最先进的 AR 技术和 3D 打印技术，完成了复杂的椎体置换手术。

这位家住文登的老人一开始只是感觉浑身乏力，在家人的劝说下才到医院就诊。医生意外地发现他腹部有一个皮球大小的肿块，当即将他留下住院，并提议展开多学科会诊。相关检查过后，确诊这个肿块是低恶性腰椎部肿瘤，肿瘤侵蚀部位正是患者的第五椎体，这才是导致他感到不适的根源。这样的恶性肿瘤如果不实施手术切除，患者可能随时都有生命危险。

专家组拟订的手术方案是，先做腰椎肿瘤切除，然后取出第五椎体，最后将 3D 打印的椎体植入到患者体内，完成椎体置换，建立腰椎新的稳定系统。

3 月 21 日早上，全国首例 AR 技术与 3D 打印技术相结合的手术正式开始。院长丛海波、脊柱外科资深专家张恩忠、创伤骨外科主任马兆强等专家共同进行手术，血管介入外科、泌尿外科、麻醉科、影像科、输血科、手术室等多学科专家共同配合。

手术过程中，医生佩戴着AR眼镜。外接屏幕上显示出来的画面，是增强现实的。医生通过语音和手势控制AR眼镜所示画面，对动脉、静脉、骨骼进行切换显示，以及拖拉平移等操作，完全不会占用双手来操控，整台精细的手术都以医生的主视角被记录了下来。AR技术在手术中具体起了什么作用呢?

在术前，医生们已经利用计算机分析计算CT、核磁共振所拍摄的片子，还原出一个等比例的虚拟的患者人体构造。医生戴上眼镜后，可以事先多次模拟和演练手术全过程，熟悉声音控制和手势指令，将虚拟的病灶完全剥离出来。

手术中，AR技术的增强现实能与真实的骨骼肌肉“无缝”对接。一旦医生碰到棘手的部位，哪怕是发现实际病灶和预期有所不同，可以戴上眼镜，目光所及之处，视野里就会出现虚拟的患者人体构造，两种信息相互补充，患者病灶整个部位的构造也就一清二楚了。医生这样透过复杂的肌肉骨骼组织看见肿瘤的位置、大小、深度，就像是拥有了一双“透视眼”。

至于植入的椎体，则是临床骨科、影像科、普外科医师及计算机工程师，通过三维重建技术将肿瘤、骨骼及周围重要神经血管组织等进行重建，利用计算机模拟合成的三维立体影像之后再根据这个立体影像，用特质材料和技术，打印出一个形状完全相同的、内部结构层次分明的腰椎部模型。

AR技术可以让手术的精准化程度变得更好，医生术前的讨论可以更准确，术中出现与预期不一致的问题也可以及时调阅，同时在和患者讲述手术方案时也可以更加清晰直观。

7. 案例，精密制造辅助

AR 视觉技术和精密制造技术之间的结合是个趋势。精密制造和普通制造不同，普通制造不需要长长的操作清单，但是精密制造就不同了。高精度装配、高精度零部件的制造，都需要严格遵循操作清单。

尽管高精密制造可以进行自动化运作，但是还是需要人来进行辅助。比如制造一个复杂件，可能需要换几十把刀具辅助工作。按照清单操作，需要准备好几十个步骤进行加工。AR 的作用在于根据制造的场景，将场景中的所有零部件进行建模评估，对于每一个刀具进行质量评估。对于加工中心本身设备的整体状况进行可视化的数据评估。

芯片制造行业有 2000 多道工序，操作者要牢记这些工序以及工序之间的关系才能开始制造生产，有了 AR 设备辅助之后，已经操作的工序、正在操作的工序和下一道工序之间的关系就能够看得很清楚，不一定要将所有工序和工序关系记牢后才开始生产。人在 AR 指导之下工作，可以极大地降低错误率，并且对于操作过程进行数据化评估。

制造业是一个国家或地区国民经济的重要支柱。将机械工程技术、电子信息技术、自动化技术，以及材料技术、现代管理技术统称为先进制造技术。先进制造技术追求的目标就是实现优质、精确、省料、节能、清洁、高效、灵活生产，满足社会需求。

精密加工技术是为适应现代高技术需要而发展起来的先进制造技术，是其他高新技术实施的基础。精密加工技术的发展也促进了机械、液压、电子、半导体、光学、传感器和测量技术以及材料科学的发展。

按加工精度划分，机械加工可分为一般加工、精密加工、超精密加工三个阶段。然而区分标准是随着加工技术的进步不断变化的，今天的精密加工，到了明天可能只是一般加工了。医生和飞行员这种高度实操性的精密操作工作，往往都是基于标准工作清单的，AR 的一个价值，就是将这些复杂工作都能够清单化。清单化思维和操作方式，在管理学领域一直倡导推广，但是在实际工作场景中一直做不到。因为操作者在工作的时候不可能一手拿着清单、一手进行工作。

我们看到飞行员在遇到紧急情况之下，都会拿出清单来，一个人读清单，一个人操作。而在 AR 辅助之下，清单是直接投射在空间里的，周围的场景中所有的物件都在清单之内。

精密加工首先要解决的问题就是加工精度，包括形位公差、尺寸精度及表面状况；其次是解决加工效率，有些加工可以取得较好的加工精度，却难以取得高的加工效率。

为了让员工熟悉精密加工的操作流程与工作规范，开展精密零部件加工的培训可以借助 AR 技术。企业可以定制包含多种辅助信息的 AR 眼镜，派发给受训员工，在培训和实习过程中，通过 AR 的形式呈现出加工流程、零件结构、注意事项等，员工通过这些信息可对整体工作环节有清晰的认知。

AR 和现实场景的贴合，不仅能够将工序直接呈现出来，还能够将最有经验的技工是如何操作的全息性的图像和影像带入进来，详细展示每一个环节。

传统的精密加工方法有布轮抛光、砂带磨削、超精细切削、精细磨削、珩磨、研磨、超精研抛技术、磁粒光整等。

抛光是利用机械、化学、电化学的方法对工件表面进行的一种微细加工，主要用来降低工件表面粗糙度，常用的方法有：手工或机械抛光、超声波抛光、化学抛光、电化学抛光及电化学机械复合加工等。

砂带磨削是用粘有磨料的混纺布为磨具对工件进行加工，属于涂附磨具磨削加工的范畴，有生产率高、表面质量好、使用范围广等特点。国外在砂带材料及制作工艺上取得了很大的成就，有了适应于不同场合的砂带系列，生产出通用和专用的砂带磨床，而且自动化程度不断提高，但国内砂带品种少，质量也有待提高，对机床还处于改造阶段。

精密切削是用高精密的机床和单晶金刚石刀具进行切削加工，主要用于铜、铝等不宜磨削加工的软金属的精密加工，还具有较好的光学性质。

超精密磨削是用精确修整过的砂轮在精密磨床上进行的微量磨削加工，金属的去除量可在亚微米级甚至更小，可以达到很高的尺寸精度、形位精度和很低的表面粗糙度值。尺寸精度 0.1~0.3 μm，表面粗糙度 Ra0.2~0.05 μm，效率高。应用范围广泛，从软金属到淬火钢、不锈钢、高速钢等难切削材料，及半导体、玻璃、陶瓷等硬脆非金属材料，几乎所有的材料都可利用磨削进行加工。但磨削加工后，被加工的表面在磨削力及磨削热的作用下金相组织要发生变化，易产生加工硬化、淬火硬化、热应力层、残余应力层和磨削裂纹等

缺陷。

珩磨是用油石砂条组成的珩磨头，在一定压力下沿工件表面往复运动，加工后的表面粗糙度可达 Ra0.4~0.1μm，最好可到 Ra0.025μm，主要用来加工铸铁及钢，不宜用来加工硬度小、韧性好的有色金属。

精密研磨与抛光是通过介于工件和工具间的磨料及加工液，工件及研具作相互机械摩擦，使工件达到所要求的尺寸与精度的加工方法。

这些都是机械加工行业的一般的技术细节。每一个操作者都需要理解这个行业的所有的技术清单和示范的全息案例。这可能涉及操作过程中几千项技术规范和要求。这些进程都是经过 AR 系统集成起来，在使用系统的过程中，保证操作者能够实时获得知识提供，需要什么样的内容，就可以实时便捷地在解放双手的情况下进行有序操作。

8. 案例，场景感知和消费者服务

《2018年网购与技术趋势调查》显示，在网购人群中，超过一半的人花在网购上的钱比在实体店消费的多。其中，67%的网购者表示，如果AR设备和应用能够帮助他们完成购买，那就不需要到实体服装店去买衣服了。而受调查者中，十分之一的人真正用AR应用网购过。当然，为了更加方便快捷，更多的人还是通过各种APP来网购。

很多受访者对广告并不是很感兴趣，他们说即使那些推送广告是针对他们的，他们也没兴趣看。可见，网购消费者在信息接收上更有主见、更理性一些。而且网购可以更容易比价，能够反悔并取消订单，这些都比线下实体店的消费灵活多了。

2018年，著名的化妆品品牌欧莱雅收购了美妆行业技术开发商ModiFace，其后并没有停下ModiFace的研发工作。2019年欧莱雅宣布，正在研发一款试妆应用，利用人工智能和增强现实技术，提供口红阴影的数字演示。这款应用投放市场后，可以让亚马逊上的化妆品实现虚拟试用。网购消费者能够通过手

机上的前置摄像头，在自己的实时视频或自拍中试用不同颜色的口红。

ModiFace 专有技术可以实现无限数量的产品效果，并且无缝地呈现出虚拟试穿效果，提升购物体验。在亚马逊网络服务上运行的，它支持人工智能的阴影校准，从而为消费者提供逼真的上妆效果。化妆品牌提供产品的各项基本数据，包括颜色、质地到实际上妆后的照片，软件再参考并分析社交媒体上使用过产品的消费者的照片，最后用 AR 模拟还原出色调。

ModiFace 的 CEO 表示："ModiFace 独特的人工智能技术，精确的色彩渲染，为亚马逊提供了技术含量很高的 AR 试妆解决方案。消费者可以轻松试用亚马逊上的数千支口红，先看到高度逼真的试妆效果，再下单购买最适合自己的颜色，大大满足了消费者的购物心理，提升了网上购物体验。"

消费者发现，有了这种新的人工智能虚拟体验，他们现在不仅可以方便地试用数千种口红产品，还能将照片保存在设备上，分享到社交平台。这无疑激发了消费者的购买热情，无论他们身在何处，无论何时，只要他们下单，产品就会被送到家门口。

AR 试用作为美容产品营销的一个新的关键点，已经获得了越来越多的技术支持，但这项技术在亚马逊的推出，也许会产生意想不到的推广和传播效果，影响到更广泛的受众。

不仅是口红，欧莱雅还挑选出旗下具有代表性的美妆品牌，寻求与其他 AR 研发企业合作，比如它曾经推出过染发剂的 AR 试用应用，此外欧莱雅还计划推出眼影、唇膏的 AR 试用。

除了化妆品这种看重试用效果的消费品，一些购物平台还针对不同商品的特点，推出 AR 看货、AR 试用。2018 年，Point & Place AR 平台推出了一款

“AR 可穿戴设备”。这款可穿戴设备利用面部跟踪技术来调整选定产品的建模，以适应观看产品的人的特定头部尺寸，比如消费者想选购眼镜或耳机，设备呈现出的就是最逼真的形象，而不是大于消费者的脸型，或是出现穿模现象。

研发公司认为，消费者不只是想亲眼见到产品的外观，进行试用，还希望与朋友或家人分享 AR 体验，征求他们的意见。这款 AR 可穿戴设备就是考虑到这点，帮助消费者实现试穿试戴效果，拍照并发送给朋友。实际上，这样的体验解决了消费者的“想象力鸿沟”，避免出现“这跟我想的不一样”这样的心理落差。

9. 新法律和用户隐私权

2018 年,《华尔街日报》报道了一则新闻，美国国会议员致函苹果 CEO 蒂姆 · 库克和 Alphabet CEO 拉里 · 佩奇，询问这两家公司是如何保护用户隐私的。

在信函中，议员主要询问了两件事。一是列举了用户信息遭到泄露的事例，比如，iOS 系统和安卓系统都会收集用户的地理位置信息，甚至会在用户不知情的情况下追踪用户。即使用户注意到了这点，提前关闭位置服务，安卓依然能收集用户地理位置，并把数据发送给谷歌。二是这些系统会收集用户通话的语音数据，并与第三方共享，在这个过程中，用户隐私存在遭到泄露的风险。

这次问询是由同年剑桥分析盗取 5000 万名 Facebook 用户的个人信息丑闻引起的，甚至还有一位前职员站出来揭发，讲述了剑桥分析是如何利用这些数据来投放广告、左右美国大选的。此事一出，美国多个部门联合调查这起事件。

面对询问，库克坚持称苹果没有开展“数据业务”。苹果不依靠用户数据创收，因此不会收集这些数据。

我们经常与信任的人分享更多的信息，这种针对特定用户的分享，包含了个人信息、历史、想法和感受。我们使用的应用程序和设备的隐私和信任也是同样。用户信任 Facebook，并使用了隐私设置来保护自己的数据，用户设置了这些隐私该遵循什么原则来显示，并且相信 Facebook 会保护好这些数据。可以说，保护用户的隐私权，是一家互联网公司的基本责任。

相关隐私法律保护用户的个人身份信息是有充分理由的。因为在互联网时代，用户的个人数据与其身份、财产等各方面息息相关。比如在互联网上，个人身份信息与照片、生活事件、银行余额、财产记录、信用记录、简历、健康状况、家庭成员、朋友、学校、爱好和政治倾向等密切相关。随着物联网的建立和内部完善，设备的连接越来越紧密，更多的数据将在人与人、公司、政府和生态系统之间共享。

用户在使用电脑、手机、VR/AR 等设备时也一样。而且有关试装的 AR 应用，必然要记录人们的身体数据和影像。2019 年 9 月初，一款“AI 换脸”软件一夜爆红。用户只需上传一张照片，用 AI 换脸功能，就可将照片上的脸换到明星脸上，生成的照片简直是天衣无缝。不仅是照片，就连视频也能完成“换脸”，此前网络上传出把当红女星与 20 世纪 90 年代港剧女主角换脸的电视剧片段，网友们惊呼简直就像是她本人参演的，不仅五官特征相同，就连神态表情也非常自然。然而爆红带来的除了顶级流量，还有巨大的争议，人们更关注的是脸部数据泄露后，如果不法分子利用这款软件犯罪，人眼根本分辨不了。不出一个月，这款软件的开发公司就受到约谈，APP 也就草草下架了。

AR 时代，用户隐私权都受到哪些挑战呢？

首先，手机就是一部跟踪设备。它实时定位我们的位置，并通过身份验证确认我们的身份。黑客可以利用手机位置数据追踪我们的运动轨迹，获知我们的日常路线和生活模式，甚至兜售给别有用心的人。即便没有黑客抓取用户信息，我们无意间的一个操作，也会泄露隐私。比如，将一张自拍发到社交网络上，这条信息就自带一个位置信息。

其次，用户数据被随意使用，如果没有限制隐私设置的能力，我们的数据可能成为市场营销人员的商品，可能成为政治家的选票，或者成为数据科学家的统计数据。在社交平台上，备受用户诟病的就是“僵尸粉”行为，一些营销平台不仅利用人工智能假装用户，真实用户的身份还经常被莫名使用，给不认识的明星、活动点赞留言。

最后，手机可能成为犯罪分子闯入家里的“钥匙”。基于物联网技术构建的智能家居，一般都会以手机作为智能管家，控制家中的电器、监控、安保等。然而一旦获取手机，或是通过技术手段进入手机数据，窃贼就可以轻松打开智能门锁，调开监控探头。

实际上，各国对用户隐私数据的监管都很严厉，兼顾隐私保护和数据利用的计算方式就成为企业和学界研究的重点。以往人们的隐私信息遭到泄露，主要原因还是信息保管方式不当，比如公司、酒店、招聘网站、调查活动等，这些地方要人填写各种详细信息，但是又不好好保管。目前比较好的大数据解决方案中，使用隐私计算＋区块链技术来解决。用户可以选择把个人信息以加密方式都存在区块链上，当需要在各种表格中填写个人信息的时候，可以直接用加密方式提供。对方拿到了加密后的信息，可以直接拿到区块链上去验证。这样对方既可以核实用户信息的真实性，又免予直接拿到可见的信息。

比如，一个人把姓名、身份证号、头像照片存在区块链上，生成了一长串乱码一样的加密信息。当他入住酒店时，只需要把密文交给柜台服务员。酒店可以通过智能 AI 对他进行人脸识别，然后比对他提供的和区块链上的信息。整个过程中，酒店方不会知道他的姓名和家庭住址，但是又能够确认是本人来入住。用户的隐私信息被有效地保护起来。但是同时，公司和机构仍能获得精准有效的数据分析结果。这就是隐私计算 + 区块链的魅力。

第七章 教育革命

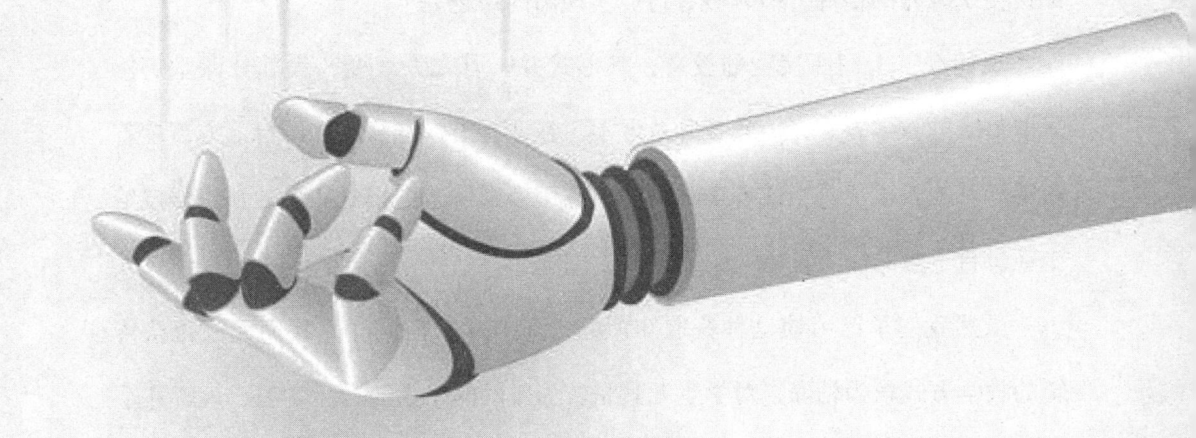

1. AR 对传统教育的颠覆

2017 年至今，AR 教育被提出的次数越来越多，AR 教育的出现，也必将颠覆传统教育的格局，引领教育行业实现新的跨越。

现如今，人们所接受的教育，其形式并未有太大改变，大部分课堂仍然采取传统的教学方式，依赖教师及课本。在课堂上，老师站在讲台上方，拿着粉笔和其他教学工具，或者坐在电脑前利用多媒体，把相对抽象的知识传授给坐在讲台下方的学生。

虽然我们早已习惯这种获取知识的主流方式，但同时，我们无法否认传统的教学方式较为枯燥，对学生尤其是较为年幼的学生而言，学习、理解并掌握其教师所授内容十分困难。学生更容易接受的，是内容简单且丰富、具象化的学习。

也就是说，教学应尝试去调动每一个学生的感官，把知识具象化成虚拟现实。而这正是 AR 技术可以做到的。AR 教育，便是将 AR 技术应用于教育领域，将教学方法数字化、3D 化。

例如，一个地理老师想告诉自己的学生，地球是如何诞生的，这位老师可以不必耗费大量时间去找齐从宇宙大爆炸、银河系诞生到恒星出现的相关素材，制成烦琐的教学演示 PPT，再费时费力地把这个知识点向学生讲清楚，而是利用 AR 技术，通过电脑等设备的摄像头识别，把 3D 影像在屏幕中投放出来，让学生们置身其中，亲眼见证 AR 所演示地球诞生历程的虚拟现实。这样一来，学生们便可以目不转睛地观看星球的碰撞，倾听陨石的声响。基于 AR 对物体环境增强显示的功能，学生们还能在教师的指导下，接触并操作虚拟出来的物体去还原这个过程的方方面面。

AR 教育有几大突出特点，也是它的颠覆之处。

第一，教育网络化，“教育 + 互联网”已经成为教育产品的标配。不论是校外教育、知识付费，还是早教、幼教图书，它们在互联网时代都面临着新的机遇。教育行业面临洗牌，那么教育产品也将更新换代，传统的教育机构需要升级，融入到新的产业生态中去，而新兴教育机构则可以不受固有思维的束缚，从零开始打磨自己的产品。

第二，幼儿教育市场发展潜力巨大。我国开放二孩政策，将释放出每年 500 万 ~600 万的新增出生人口，形成一个千亿元级的消费市场，教育市场的容量立刻扩充了。随着 80 后、90 后这一代人陆续成为父母，不仅早教市场被进一步激活，而且这一代家长更注重素质教育，对教育的品质要求更高。AR 教学的先进性可以获得家长的认可，也在一定程度上缓解了他们的教育焦虑。

第三，“教育 + 科技”催生全新的寓教于乐的教育产品。千禧年的孩子是伴随互联网成长的，对科技产品更有兴趣，也更适应。AR 技术仿真和交互的特性，能将抽象、晦涩难懂的知识以更生动、直观、全面的方式呈现，用沉浸式体验增强学生的代入感，模糊了玩耍和学习的界限，反而能提高知识的接受度。

AR 技术作为一种解决问题的手段，它如果能广泛应用于教学中，对传统教育很可能造成颠覆性的影响。其影响不仅在于高新技术为传统教学提供了更加新颖、直观的传授知识的手段，更重要的是它能够为学习者提供更具真实感、趣味与效率的学习研究体验。

不过，AR 技术发展虽十分迅猛，但它在教育领域的应用还处于早期阶段，然而也有国内外一些公司与机构已经在 AR 教育应用方面产生了一些成果。让我们列举一二来说明。

美国科技公司 Mitchlwhan Media LLC 在 2013 年结合 AR 技术，开发了一款辅助儿童学习英文字母的卡片，当孩子用手机摄像头扫描卡片时，手机屏幕上便会出现 3D 成像的卡通动物，点击便可以听到字母的发音和动物的英文名称，动物与动物之间还有一些简单的交流。这个 AR 应用一方面吸引了孩子们的注意力，另一方面也能培养他们对英文的学习兴趣。

除了早教识字卡片，AR 的应用还有 AR 图书，其外观看起来和书相差不多，但是用手机摄像头扫描，3D 动画元素、视频、声音就会显示出来。国内视 +AR 制作的《AR 童话陪我玩》《神奇小百科》就属于这一类。

在国内，北斗系统、中国地图出版社都曾推出过 AR 地球仪。AR 地球仪采用了球面识别跟踪技术和 4D 渲染技术，可以生动直观地呈现太阳星系的运转、全球动物的样貌、各国标志性建筑的图像等。更值得一提的是，AR 地球仪售价较低廉，因此应用也较为广泛，为地理学科的教学增加了许多趣味。

总的来说，AR能够促进教学效率提升，促进教学课堂中多元文化的发展，使教学形式多样化，形象化，不仅可以大大提高老师的教学质量和趣味性，也能使学生在愉快轻松的环境中更快地掌握知识，提高学习的效率。

2. 老师是个虚拟人

现在人工智能产品随处可见，如 siri、百度机器人、天猫精灵等。它们的功能众多，各不相同，但不论哪种人工智能产品，都有一个共同的发展趋向——它们越来越像是一个虚拟的数字人类助手。

我们常常可以在科幻电影中看到虚拟人，或者说数字人类。虚拟人不同于机器人，他们实质上是数字组成的影像，与我们一样，拥有皮肤、身体和丰富的表情、肢体动作。虽是数字，却能够以假乱真，让用户沉浸在虚拟体验中。

虚拟人在国外的电影、学校甚至客服领域都有着一定应用，它们能够在 VR 或 AR 中呈现。较为出名的一个虚拟人应用的案例便是电影《速度与激情 7》，电影拍摄完成前，演员保罗·沃克不幸离世，剧组便采取 CG 方式来制作数字替身，完成了电影的拍摄。

那么，在教育领域，我们也可以大胆地想象，如果老师是 AR 呈现的虚拟人那会是怎样的情形呢？

2008 年，中佛罗里达大学教育和人类学院、工程和计算机学院的教师联合开发了混合现实教学实训系统——TeachLive 实验室。这个实验室是一种人工智能和计算机动画相结合的虚拟课堂实验室，它可以模拟课堂教学场景，向实习教师提供具体的教学内容、教学方法、课堂管理技巧等方面的教育实习。

这是因为，利用 AR 来开展教学，首先需要教师学习和熟练地掌握 AR 教学的相关设备和软件使用方法，然后，在此基础上自主设计如何在原有教学计划和教学过程中加入 AR 相关技术，以实现增强原有教学过程中无法实现或需要付出很大代价才能达到的效果。

在课堂中，教师和学生通过移动设备访问可以检索存储内容；教育者在教学中嵌入 3D 模拟，教学内容可以根据学习者输入的参数做出相应的改变，学习者可以在学习结束之后反复研习学习资料，学习内容可以进一步在同伴和教师之间进行共享、修改、生成，提供了一个更具协作性的环境。

这样，教师就可以在课堂中通过增强现实技术开展教学，并且应用增强现实技术在开展教学过程中与学生很好地沟通与互动。

而对于在校学习的青少年来说，即便是算术、几何、生物、化学、物理等这样学习门槛较高的高级学科，AR 技术同样可以将其中晦涩的知识点，转化为简单易懂的具象化内容。

进一步说，当各学科的老师变成了 AR 会怎样?

在数学学科，AR 技术可以在你对一道数学问题无从下手的情况下，给你最为详尽的解题思路和解题步骤，让你以后在类似的题目中能够举一反三。

有许多学生受到几何思维缺乏的困扰，涉及几何学的问题时，AR 呈现的内容都是 3D 立体的，那么将原本存在于平面上的空间假想，通过 AR 技术转换为真实的三维几何，就可以更好地帮助学生梳理空间中的点、线、面，从各角度更直观地观察。

在物理学科，老师有时很难通过语言和简单的绘图让学生明白其中的原理，但有了 AR 技术，学生可以很快地了解什么是“原子核衰变”，什么是磁场，以及磁场的磁感线是长什么样的。

在历史学科，学生往往对历史人物只有一个脸谱化的印象，常常难以对应其历史事件，利用 AR 技术对“法国大革命”“一战”等事件的具体呈现，学生也更容易感受历史的重量。

在语文学科，AR 也有大用处。老师通常很难向学生勾勒一首诗、一篇文章所描绘的画面，但对 AR 来说便是小事一桩，学生跟着 AR，就能很快感受到林黛玉进贾府后所见的满堂金玉、李白梦游天姥山的壮丽奇绝。

当然，AR 技术在教育方面的应用并不仅限于中学教育的传统学科。在医学教育领域，AR 技术的作用更大。医学教学中教学材料的不足，手术练习的不可重复，这在过去都是问题，现在有了 AR 技术，这些都可以迎刃而解。医学生可以通过 Anatomy 4D 等 AR 应用来研究人体的肢体、器官以及循环系统。这款应用集成了医学知识，将人体的解剖结构以多种形式呈现出来。医学生可以通过手势缩放、旋转数字成像，去观察肌肉、神经或者人体循环，以增进自己对医学的了解。它还有一个强大功能，就是能真实地模拟并直观地还原疼痛、刺激、生长以及骨折给人体带来的印象。

Airway Ex 是一款模拟各种外科治疗的医学 APP。医学生可以对虚拟的 3D 模型进行治疗手段和外科手术的练习，还可以学习和练习麻醉技巧、插管一类的气道手术。这款 APP 上提供了各种最新的医疗用具，这些工具具备运动真实感、透镜光学和内窥镜功能。医学生也可以在“虚拟患者”的身上实际操作一台外科手术。

天文社团也可以凭借 AR 技术，展示了解恒星和行星之间的运行规律，招徕部员，使更多人了解天文学，喜欢上天文学。

在教育教学中应用 AR，能在应用人工智能技术和三维立体技术的同时，完善教学流程和教育体系，确保学生能在互动中获得更多的学习体验，真正实现教育教学信息化的发展。

3. 学习即娱乐，学习即体验

国外有一个叫作《宇宙大爆炸传奇》的知名 AR 游戏，在游戏中，玩家可以发射高能粒子射线来捕捉夸克，然后把夸克集合为质子，用以形成不同物质的原子。元素周期表上的前 10 个元素（从氢到氖）都会以有趣的 3D 立体动画形象呈现。最后，玩家们可以用这些元素的形象来抵抗和打倒反物质组成的怪兽。

如此一来，枯燥抽象的物理知识就以生动有趣的游戏形式呈现给学生。无独有偶，日本铃木幽里公司与谷歌数字团队曾共同开发出一款叫作《AR 音乐套装》的玩具。孩子们可以用现实中的纸张和 AR 软件来自主创建乐器，学会了制作纸乐器的方法。他们还可以把手边任意一件东西都变成能演奏的乐器。这款随处随时可以奏乐的游戏承担了音乐启蒙的功能，使孩子喜欢上音乐。

教育和学习究竟应该呈现出怎样的形式？是应该将学习当作一件严肃认真的事，还是寓教于乐，在玩中学？这在学界还存在争议。

美国作家尼尔·波兹曼 1985 年出版了《娱乐至死》一书，其中提到，新

闻、政治、教育、商业都在逐渐沦为娱乐的附庸，在这种娱乐的氛围中，人们很难建立起独立思考的精神，或是学会批判性思维。

20世纪80年代，《芝麻街》是美国最有名的教育类动画节目，千万家庭的儿童都是这档节目的忠实观众。然而波兹曼坚持认为娱乐化的电视节目并不能真正地起到教育作用，与其说孩子们是看电视节目知识，还不如说他们只是从中找乐子。

如今，早教和儿童教育改换了新的形式，出现了音频产品、体验课、国外游学等。前几年大热的知识付费，也催生教育产品与知识付费的结合，诞生了像喜马拉雅、凯叔讲故事这些头部APP，平台上有大量的音频内容，涉及经典名著、童话故事。但是熟悉这些内容产品的人知道，这些产品除了让孩子听故事，还有一大功能就是“哄睡”，其中的教育作用就弱化了不少。

当然，现在的学习和娱乐相融合也是大势所趋，AR学习正好提供了这种让孩子喜闻乐见的、游戏化的、充满娱乐性的学习氛围。

在传统课堂上，仅通过老师的简单指导，学生对于知识的理解程度和记忆持久性较低。但基于AR的软件教学可调动学生积极性，促使其注意力更加集中。在直观地看到仿真模型并与其交互后，学生对所学知识的印象也更加深刻。生动的场景教学还能够提高学生对学习的积极性和创造力，让人不自觉参与其中。其实不论对哪一个年龄段的人来说，这样新奇、有趣的方式都可以激发他们对学习的兴趣，让他们更为直观地接受和学习新事物。

图片、音频、视频、电子游戏以及各种互动多媒体形式的教学方式，在吸引低龄儿童注意力、激发兴奋点方面会发挥比较好的效果，这些方式也的确比书本上的文字更生动立体，不过值得我们注意的是，儿童需要从各种学习形

式中获得知识，更重要的是掌握学习的方法，最终完成知识的增长和思维能力的提升，而不能一直依赖这种娱乐式的学习。

与 PC、智能手机和平板电脑一样，AR 和 VR 有望成为下一代大型计算平台。随着技术进步、产品价格下降以及整个应用市场（包含商家和消费者）的成熟，VR/AR 技术有潜力拓展成价值数十亿美元的市场，如同 PC 一样，会给我们的生活带来剧变。

每提到 AR 的现实应用，就必然会想起引发了全球狂欢热潮的现象级游戏《Pokémon Go》。它第一次向更多的人直观地呈现了 AR 技术。上线 20 天，它就破纪录地取得了 1 亿美元的收益，首月下载量高达 1.3 亿次，被吉尼斯世界纪录认证为上线一个月以来收益最多的手游，各项大奖也拿到手软：第 34 届英国游戏产业大奖“金摇杆奖”的年度最佳移动和手持游戏奖、年度创新奖；“TGA 2016”游戏大奖最佳手机 / 掌机游戏、最佳家庭游戏奖项。

在这款 AR 游戏中，开发商将虚拟的游戏元素皮卡丘、杰尼龟等小精灵叠加到现实地理位置中，让玩家在现实环境中寻找虚拟游戏人物，极大地增强了游戏趣味性。

在手机上打开游戏，开启谷歌地图和定位功能之后，游戏会在摄像头实时拍摄的画面中叠加皮卡丘、杰尼龟等小精灵，这些精灵可能藏在当前地图上的任何角落，玩家则需要拿着手机四处走动，发现它并且抓住它。

4. 教育可能是 AR 领域的最大产业

“AR+ 教育”的概念不只是在儿童教育、学校教育或是培训机构的教育，在终身教育的形式中也大有可为。国人对教育一直有一个误区，就是“学校里把大部分的知识都教完了，人们毕业之后不用再学习了”。实际上，文化领域一直都在提“终身学习”的概念。学校不是唯一进行学习行为的环境，在生活中，我们其实也在不断学习，那么，为什么在毕业之后、工作之后，我们不能继续学习呢？

最具影响力的领导者、艺术家和科学家几乎都对学习有一种天生的热爱与痴迷，这种痴迷贯穿了他们的一生。无论他们有多忙，他们都会挤出时间来学习知识。在微软兴起的年代，人们传诵比尔·盖茨辍学的故事，用来支持“读书无用”论。然而那些盲目追捧的人不知道的是，比尔·盖茨曾经在采访中回忆他的学习经历。他说自己经常工作到深夜，回家后还要坚持读一会书，对此他非常自豪。所以有思辨能力的人就应该认识到，如果比尔·盖茨真的不喜欢读书，从微软系统的构建，到微软公司的发展与壮大，他又是怎么做到的呢？他的辍学其实很有可能是学校教育与他思维方式不同，比尔·盖茨认为在学校学不到什么知识，不如在工作中寻找学习机会。

持续学习是指人们为发展自身而进行的持续的、职业驱动的、有意识的学习过程。对于那些坚持终身学习的人来说，学无止境。有的人认为，在互联网普及的当下，个人的知识储备没有什么用，想知道的事情只需要借助搜索引擎就可以知道了。但是有学习能力的人在互联网上不仅仅是寻找问题的解决方案，他们还能既善于思辨，又能和同事讨论、反思反馈、专注于思考在工作中可以进行的非正式学习活动这种带有思考与反馈性质的学习才是真正的学习。为什么有的人进入公司后几年一无所获，另一些人却在工作中表现出色，这是学习能力的差距。

持续学习是开放组织中任何人的核心能力。毕竟，开放的组织是建立在同行相互思考、争论和行动的基础上的。

在正规教育的结果之上，我们最需要加强的是对学习的热爱和成为自主学习者的能力。一个自主学习者能够识别和排序他所面临的问题、学到解决这些问题的能力。一旦一个人爱上了学习，他就会终身自主学习。那么，几十年努力的积累，将会提供比一个四年的学位更高的价值。

在我们的一生中，大多数的学习都是在学校之外进行的——而对成功而言，终身学习、自我激励的学习比成绩和学位更重要。

在互联网时代倡导终身学习还有一个原因，就是不被时代淘汰。网络所存储的知识大大超过人脑的存储量。人们面临知识和信息爆炸，只有不断学习，了解新知识、新科技的概念，理解它们的应用，才有机会接触它们并掌握它们。当今社会，缺少学习精神的人，很难胜任新的工作，因为目前人本身已经成为智能社会中的一个局限因素，甚至很难在组织中与人交流。终身学习已然成为21世纪最重要的理念并成为人们生活的一部分。

“AR+培训”仍然可以归入AR教育当中，且更多的是B端的应用，主要被广泛应用在医学教育培训、工业职工教育等。AR培训系统除了反复提到的医学领域，在用于职工教育技能培训上也有很多成功案例。

2018年，沃尔玛采购了1.7万台VR头盔来做员工培训，让人们看到“AR+培训”的市场潜力。

我们所说的90后、95后年轻人，对工作和生活有着不同于前几代人的看法。据统计，他们在一个工作岗位平均只会待上两年。而在一些强调技术的岗位，要培养一个新人使用新的系统和程序，通常需要6个月到一年的时间。刚熟悉工作不久，新员工就提出离职，这无疑浪费了企业大量的时间和人力。

霍尼韦尔是一家涉及工程、汽车、化工、航空和航天等诸多领域的跨国集团，他们提出一套独特的培训解决方案，在某些领域的客户采用了这套方案，从而使得培训和运营成本都有不同程度的下降。

一般如果老员工离职，人力部门会要求他们把工作经验和注意事项总结成PPT或Word文档，这些文档在之后的培训环节中，可以教给新员工。虽然老员工尽职尽责地总结自己的工作心得，但是年青一代有可能并没有耐心去学去记。新员工通常会说：“别给我这些，你只需要告诉我它们存在哪儿，然后给我一个工具，我需要的时候就去找。”

有一款解决了老员工离职和新员工培训交接不畅的方案。就是让离职和新入职的员工同时佩戴Windows MR头显，以及HoloLens。首先，通过穿戴设备，老员工工作过程全部被精确地记录下来。接下来，存储的这些数据被新员工获取。通过使用AR技术，这些信息会被叠加到新员工所看到的场景中。这

样就相当于进行了一对一的培训。

这个解决方案帮助海上钻井平台省下了一半的维护成本。在其中一个使用场景中，以前有一个步骤需要调来一架直升机，运送三位工作人员来执行维护工作，每次的花费大概在 1 万美元。现在有了 AR 技术，只需要一位员工就可以完成。在以往的维护中，这个三人小组由维护人员、助手、专家组成。维护人员全副武装，助理则拿着一叠纸质资料指出处理步骤，并且一步一步地进行指导，然后还会有一个专家在旁边待命，随时准备在遇到问题时紧急处理。在采用 AR 技术后，实地操作人员的 AR 头像可以用语音激活并操作，专家则可以远程提供技术指导。

在汽车培训领域，VR/AR 技术的表现可谓亮眼。以发动机应用场景为例，对照着眼镜里呈现的虚拟发动机画面，操作人员可以很直观地对眼前的发动机实物进行分析和操作，如同有老师傅在身边手把手地现场指导，每一个步骤的提示都跟教科书般清楚。VR/AR 在汽车培训领域，可以做到完全模拟实景，仿佛把汽修厂搬到了教室，让用户体验最真实的汽车拆卸过程。

5.AR 可能是最好的教练

AR 技术在医疗上的应用，我们提到过远程手术、虚拟人体结构，现在又多了一项远程针灸。

通过远程会诊系统和针灸平台可以实现为患者进行远程针灸的诊治与施针。利用 5G+VR 远程会诊系统，通过两路 VR+4K 全景高清摄像头，医学专家就可以对定点智慧医疗服务端开展问诊，掌握大量的患者信息，帮助医生结合患者的症状做出更精准的诊断，并开具电子处方通过物流送药到家，真正实现足不出户看病。远程针灸则是利用 5G+AR 远程针灸平台实现的。临床医生在佩戴远程针灸定制头显后，屏幕上除了能看到患者本人，还能看到穴位定位指示，按照专家指出的操作手法下针，完成针灸治疗。借助 5G 网络，分级诊疗和远程医疗的效果将会大大提高。社区和基层的患者在家门口就能获得上级医院专家的及时准确治疗。

在 5G 环境下，AR 设备的信号实现了几乎无延时的传输。AR 智能设备有望将分散在各地的医学专家集中起来，实现重症疑难疾病的在线会诊、5G 查房，甚至可借助操纵杆控制机械手臂开展远程手术，真正实现医疗的“千里

眼”和“千里手”时代。

AR技术不仅应用在临床医疗、医学教学领域，还应用在AR汽车、AR看车、金融行业的智能AR客服等。AR远程维修指导，是一个帮助工业、制造业或者汽车、家电行业等完成辅助维修的功能。

保时捷北美经销商正在使用AR服务进行远程技术协作。经销商给实体销售店配备了一款名为“TechLiveLook”的AR头显设备。这款设备搭配高清摄像头，能够协助技术人员看清细节，并发现故障问题。头显采用了最新的投影技术，还配备了灯光设备用于照明。遇到维修困难的技术人员可以通过设备联系保时捷位于亚特兰大的技术支持团队并远程传输画面，以获得指导和帮助。

在工业上的应用有家电维修。Streem AR是一款针对家电维修行业的远程指导应用。软件的开发者想要通过这款AR应用把等待上门维修的时间从几周缩短到几分钟，甚至是直接连接专业人员。比如用户需要专业人员来修理一个坏掉的电器，用户需要先联系售后或者是相应的维修公司。然后，如果你不想等待上门维修的时间，就可以利用Streem AR与家电专业的维修人员进行对话。这款应用基于苹果的ARKit技术，用户可以通过视频聊天等方式与维修人员联系，还可以向专业人士展示电器究竟是哪个部分出了问题，用户如有任何想要表达的疑问，在AR的镜头下专业人员能够亲眼看到。

AR远程协助能为企业带来哪些改变?

（1）远程专家

AR远程专家能轻松解决专家不足、专家不能及时处理现场的问题。通过远程视频通话设备，技术人员可实时在线咨询远程专家，获得专家指导。

（2）车辆维修

车辆遇到故障时，使用手机、平板电脑扫一扫，即可快速发现问题。遇到无法解决的问题，一键发起远程专家求助，专家通过实时视频画面进行 AR 标注，指导排除故障。

（3）培训指导

讲师通过实时 AR 标注，提供清晰步骤指示，帮助培训人员快速学习新设备、新产品使用、维护技巧，从而提升培训质量和效率。

那么，AR 远程协助又有哪些优势呢？

（1）“零距离”和远程专家沟通

设备遇到问题不用怕。无论在哪，技术人员都能通过远程视频求助专家，沟通解决问题，同时也能解决专家资源不足的问题。

（2）实时可视化标注指导

专家通过 AR 对作业现场实时视频画面进行远程标注，让现场人员能按照专家指示轻松修复设备故障，投入生产，提高效率。

（3）维修效率更高、更快

专家和技术人员都可以远程对现场画面准确实时标注，让现场人员轻松、高效解决现场设备问题。

我们分析了一家 AR 远程协助解决方案提供商——视 +AR，看看他们能够为企业带来什么 AR 服务 。

（1）实时 AR 远程通信

现场人员通过移动设备与专家实时视频语音通话求助、咨询，实现专家远程支援。

（2）AR 可视化实时标注

视频画面实时传输共享，远程专家端可轻松进行 AR 可视化实时标注，指导求助方作业。拥有可视化标注，现场端标注，截屏、录屏，多人协助，文件共享，控制闪光灯，静音等功能。

（3）云服务管理后台

通过云服务管理后台，企业管理者可以查看问题统计，同时能根据获取的数据分析报告不断改进生产流程。拥有账户管理、权限管理、云存储、团队管理等类型。

（4）多终端、多平台支持

AR 远程协作产品跨平台支持多种终端设备，满足不同场景需求。支持智能手机、PC 电脑、智能眼镜、Web、Android、iOS、Windows 等。

AR 远程协助是 AR 技术发展的重要方向之一，相信在未来，AR 远程协助将会应用到更多方面。

6. 一切学习均为虚拟仿真训练

尽管 VR/AR 技术的教育应用时间不长，但它与教育理论如行为主义、建构主义的观点比较吻合：在行为主义理论中，学习是由知识和外界相互联系，从而建立刺激——反应的联结。

教育行业，一直是各个国家最为重视的行业。随着父母教育水平的提高，“不能输在起跑线上”和“德智体美劳全面发展”观念的革新，家长在孩子教育上投入的时间和金钱越来越多。而 AR 技术，是一个能让现实世界和虚拟形象结合的技术，在开放思维、互动学习上有着很多优点，因此，教育行业在寻求转变的同时，也将新技术的结合作为重要的转型契机。AR 教育，就是在这样一个契机下发展。

AR 技术在教育方面的应用，最早出现在早教和幼教领域。典型的应用方式有 AR 卡片、AR 童话书等，主要是通过手机 APP 或者 iPad 扫描出现动画。AR 图书外表看起来和传统图书差不多，不过当用摄像头扫描时，3D 动画元素、视频、声音就会显示出来。有些 AR 图书包含互动元素，需要使用者下载软件安装才能阅读内嵌在书中的一些内容。例如，视 +AR 的《AR 童话陪我玩》和《神奇小百科》就属于 AR 图书这一类。

VR/AR 虚拟学习情境所提供的大量建构工具体系和表现区域，加以学习者的主观能动性，与皮亚杰“把实验室搬到课堂中去”的构想与实践，以及“学习是一种真实情境的体验”的建构主义观是相符合的。

一堂地理课上，全体师生戴上了一副 AR 眼镜。忽然之间，大家就置身于浩瀚无垠的宇宙之中，看着壮观的星际奇观。老师把 3D 的太阳拉近放大，给学生们讲述太阳的诞生。然后老师带学生们一起来到月球，大家可以看到四周的月球情况，仿佛真的置身其中，脚底的月球土地非常逼真。现场突然发出“哇”的惊叫声，原来是宇航员杨利伟通过 AR 社交软件在教室里出现了，向学生们讲述宇航员在太空中的经历和各种细节。这就是未来 AR 课程的一个场景，是不是很震撼?

其实利用 VR/AR 所进行的一切学习活动均为虚拟仿真训练。因为 AR 呈现的内容全部是 3D 立体的，非常生动、直观、形象，有助于学生理解和记忆。借助 AR 技术，学生们的课堂体验从 2D 跃升到 3D，不再是图书或黑板呈现出的平面内容，而是栩栩如生的三维内容。对动物、植物、日常用品等那些原本就是现实中可见的三维物体，学生们不需要再从平面 2D 形象中脑补 3D 形象；对于电波、磁场、原子、几何等那些抽象或肉眼不可见的内容，AR 可以形象可视化地展示出来，有助于提升认知和理解。

当学生们用 AR 技术去学习的时候，他们不再是死记硬背，而是去体验学习内容，并亲自参与到教学中。在这个过程中，学生们可以联想起之前自己的相关经历，和以前学到的知识建立更深度的联系。AR 教育非常符合“学习是一种真实情境的体验”的建构主义学习理论，让学生们亲自用眼看、用耳听、动手做然后自然地开动大脑去想。这就会充分调动学生的学习热情，从“要我学”变成“我要学”。

国内外很多研究证明，在很多学习情景下，游戏是一种快速有效的学习方式。而AR的可视化、互动性可以自然地设计出非常吸引人的游戏化教学内容，寓教于乐，从而大幅度提升学生们的学习意愿，激发学习兴趣，提高学习效率。

化学、物理等学科在教学过程中需要做实验，具有一定的危险性。借助AR技术，完全可以进行虚拟的实验，同时获得同样的效果。这样，教学中的风险就大大降低了。

新技术还有最重要的一点，就是促进教育资源平等化。AR可以让不同地区的老师、学生聚集在一个虚拟课堂中上课，并且达到真实、实时的互动。因此，北上广深的优质教育资源就能以非常低的成本倾斜到三四线城市、农村等教育欠发达地区，让偏远山区小学也能享受到名师的亲自指点。2016年1月15日，国内首次基于AR增强现实技术的远程教育平台实现的远程互动试验教学在北京和海南三亚这两个城市之间进行。这次AR课程打破地域限制，将千里之外的北京优秀师资力量通过AR技术引进到海南省。

在医学教育领域，AR技术的作用更大。

Complete Anatomy是一款面向医学生的APP，你可以用iPad在AR中探索3D人体解剖结构。你可以阅读每个身体部位的标签，透过人体构造看到内部细节，同时还能观察肌肉运动。它还有一个很强大的功能——能在人体模型上模拟疼痛、刺激、生长以及骨折。该APP可以在iPad、Mac和Windows 10上使用。

还有，Airway Ex 是一款可以用来锻炼麻醉技巧的医学 APP。你可以对 3D 模型进行像插管这样的 AR 气道手术。APP 上有最新的医疗工具可供使用，这些工具具备运动真实感、透镜光学和内窥镜功能。你也可以在“虚拟患者”的身上实际操作外科手术，从而获得“继续医学教育”（CME）学分。

正因为 AR 教育以上的优势和特点，所以 AR 教育可以显著提升教学效率、提高学习效果。所以教育部决定，到 2020 年将推出 1000 个“示范性虚拟仿真实验教学项目”，进而带动 1 万门大规模开放在线课程和 5000 个虚拟仿真实验教学项目在线运行，促进信息技术与教育教学深度融合，在提高质量和推进公平上取得重大进展。不过，需要指出的是，首批示范性项目是教育部仅从生物科学类、机械类、电子信息类等 8 个专业类别中认定的。而其余 52 个专业类的示范性项目认定将在后续几年相继开展。

教育部为何重视虚拟仿真实验教学？

按照教育部高等教育司司长吴岩的说法，信息技术与教育教学深度融合的新探索给我国教育提供了“变轨超车”的重大机遇。为了实现“变轨超车”，教育部谋划了两条路径，其中一条就是聚焦虚拟仿真实验教学环节。第四次科技革命和产业变革让我们的教育面临着实验教学、实训教训和实习教学如何走的问题，“我们的学生没有办法在企业、在社会实践部门真正顶岗”。

既然线下现实条件受限，何不利用科技进步把实验、实训和实践到线上试试？

吴岩认为，我们可以用虚拟仿真手段，让学生在网上设计汽车、做爆炸实验、开飞机、做手术、遨游太空，尝试很多在线下无法完成而放在线上又能惠及更多人的实验任务。于是，教育部决定把建设虚拟仿真实验教学项目看成是一项战略任务，希望能借助这些项目，让我国高等教育的理论教学和实践教学实现“两翼齐飞”的效果。

目前教育部的计划是，面向2020年推出1000个“示范性虚拟仿真实验教学项目”。其中，2017年度能有100个项目被认定为示范性项目，随后逐年递增，到2020年达到顶峰，当年将有350个项目被认定为示范性项目。但这些示范性项目并不是“铁帽子”，教育部要求，相关高校要确保示范性项目在被认定后的1年内，面向高校和社会免费开放，并提供教学服务，1年后至3年内免费开放服务内容不少于50%，3年后免费开放服务内容不少于30%。

7. 十倍速的技能学习革命

现在我们在学校接受到的学习是概念学习，就是通过一系列的心智活动来接受和占有知识，在头脑中建构起来相应的认知结构。具体讲，概念学习是通过领会、巩固与应用三个环节完成的，每一环节又有其特殊的心智动作。概念的学习要解决的是认知问题，即知与不知、知之深浅的问题。

但在工作和生活中，我们必须进行的是技能学习。

所谓技能就是由一系列动作所组成，不是先天就有的，而是后天练习获得的。在技能形成过程中，社会生活条件具有明显的影响作用，社会生活条件不同，技能的发展也可能不同。技能发展的高级阶段叫熟练，它是由自动化的动作系统构成的。在熟练阶段，人的意识对完成动作的调节作用减弱到最低程度。技能达到熟练与习惯化程度时便形成了技巧。

技能的学习指通过学习或练习，建立合乎法则的活动方式的过程，有心智技能学习与操作技能学习两种。技能的学习比知识的学习更复杂，不仅包括对活动的认识问题，还包括对活动或动作的实际执行问题。不仅要知道做什么、怎么做，同时还要能够实际做出动作。技能学习最终要解决的是会不会做的问题。

简单来说，概念学习只会让我们掌握书面知识，而技能学习则必须身心统一，只有掌握了技能学习，我们才不至于纸上谈兵。

而AR时代的到来，将大大加快人们技能学习的步伐。毫不夸张地说，AR技术带来的将是一场十倍速的技能学习革命！

以医学技能学习来举例，在纸时代，一个医学生翻阅大量图书才能记住人体构造；在互联网时代，信息查询虽然变快，但医学生所接收到的信息仍然是平面化的；AR时代就不同了，Anatomy 4D这个AR应用可以让学生利用闲暇时间仔细研究人体骨骼，从不同的角度去看，可以放大缩小，还可以自由旋转。学生还可以选择观察肌肉系统、神经系统或者循环系统，不过对大部分学生来说，单单骨骼系统就够了。在8 × 11英寸大的纸上，AR技术呈现出栩栩如生的骨骼3D效果。学生们可以用iPad作为显示设备，从不同角度来观看骨骼系统，从而可以详细研究某些特定的骨骼。新西兰奥塔哥大学一个研究团队研发出了一个AR应用，学生通过手机扫描非处方药后就可以看到药品的主要成分，通过转动3D模型还可以更好地观察药物、查看药物的化学结构。这个应用可以让学生可视化地感受到：药物的作用必须与机体内的接受物质结合，才能发挥药理作用。AR在医学方面的应用还有Curiscope的人体骨骼T恤、展示3D立体心脏的Human Heart 3D应用。

在音乐与美术这些艺术技能的学习方面，AR对学习过程的提速也很明显。原本学习音乐需要经常带着乐器，像口琴、吉他这种小型便于携带的乐器还好说，钢琴、古筝这种就只能到特定的地点进行练习，大大地浪费了时间。但在AR时代，人们可以用实际的纸张和AR软件来自助创建虚拟乐器，能够将手边的任何东西变成可以发声演奏的乐器。用户在下载 AR 程序后，找些便利贴或者废纸，把相应发声标识从 AR 程序中打印下来，贴在任何想“演奏”的地方就可以了。通过手机扫描，这些标识就会变成真正的“琴键”，会发出相应的声音以组成不同的旋律。在美术方面，填色绘本一直是学习绘画初期的孩子们最爱的学习材料之一，但孩子不可能通过平面绘本去思考自己 2D 画的 3D 模型。迪士尼开发了一个 AR 涂色项目。当儿童将原本是黑白线条的绘本填色完成后，用手机一扫，绘本的 2D 画面就转换成 3D，儿童可以通过手机屏幕随时观察自己所画 2D 画对应的 3D 模型。还没上色或图上被遮挡的部分，AR 应用会在创建 3D 模型时采用一些算法智能猜测并填充相应的部分。该 AR 绘画应用非常炫酷，通过增强现实技术实现的 3D 填色绘本能极大地激发孩子们的空间想象力。

我们都知道，目前宇航员已经在利用 AR/VR 技术进行训练。早在 20 世纪 60 年代，美国的国家航空航天局（NASA）就用类似虚拟现实的培训方法来培训登陆月球的太空人。从 70 年代开始，航空飞行员用移动的模拟驾驶舱及计算机合成图像，建立虚拟的飞行场景培训。在航空航天及军工培训领域，虚拟现实早已牢牢建立它的地位。但由于硬件成本高，内容制作专业性强，虚拟现实的应用并没有被广泛普及于各行业。

在未来的 AR 时代，每一个人都会拥有宇航员一样的在虚拟空间进行技能训练的机会。为了学会操作一个机器，可以在虚拟空间里进行数次甚至数十次的全身心沉浸式训练，直到彻底掌握这门技术。这可以让人迅速获得操纵复杂系统的能力，迅速成为一名合格的劳动者。

第八章 AR 终局思维：世界是一朵知识云

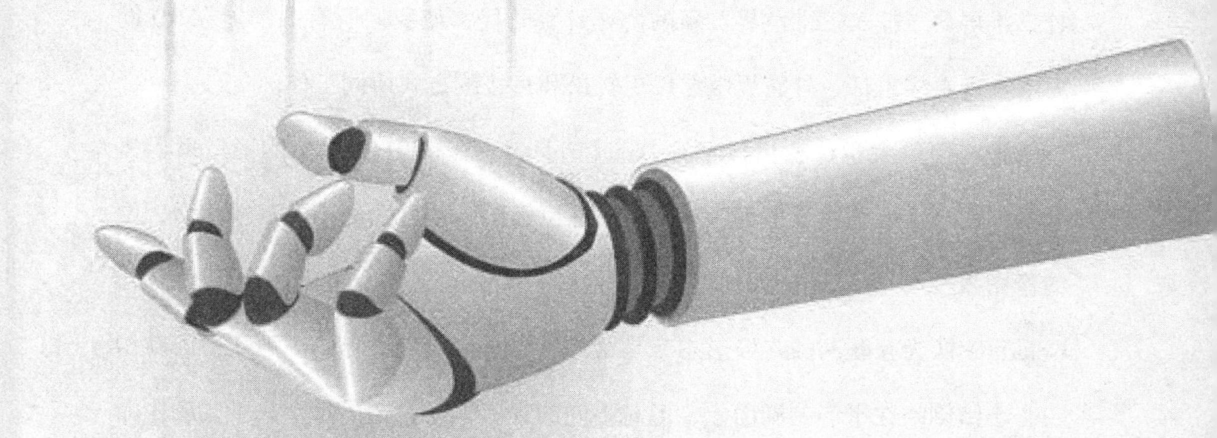

1. AR 野心：实体世界全部数字化

纳德拉说："我们正在进入一个计算新纪元；其中一个是数字世界，它超越二维屏幕，进入三维世界。新的协作计算时代将使我们所有人都能在 3D 助力下实现更多目标、打破界限并以更轻松和直接的方式协同工作。"

这与耶鲁大学计算机科学家 David Gelernter 在 1991 年提出的镜像世界概念不谋而合。所谓镜像世界，就是将一些巨大的结构性的运动的真实生活，像镜像图景一样嵌入到电脑中，通过它你能看到和理解这个世界的全貌。David Gelernter 认为互联网的终极形态就是镜像世界——物理世界的虚拟映射，就像一个小镇倒映在平静的湖面上，但对不同的观者，它夹杂了每个人不同的生命体验，倒影中包含了你的真实生活中的社会、机构和家庭结构。在其中，我们将与这个虚拟世界进行互动，并操纵它，像我们在现实世界中那样去体验它。

严格来说镜像世界目前并未完整存在，但它离真正到来的那天不远了。在将来的某一天，现实世界中的每个地方和事物，包括每一条街、路灯、建筑物和房间，都将在镜像世界中拥有相同尺寸的数字版"双胞胎"。目前，通过 AR 头显所能看到的只是镜像世界的微小片段。当把这些虚拟碎片一块一块

拼接在一起时，将形成一个与现实世界平行的存在，其特点是能够共享且持久存在。

镜像世界正在世界各地科技公司的研究室深处被努力建设中，科学家和工程师正在竞相建造与实际世界相同的虚拟场所。至关重要的是，这些新兴的数字景观非常真实。目前在谷歌地图中所展示的街景图像只是将平面图像铰接在一起，人们只能看到外观。但是在镜像世界中，虚拟建筑将拥有体积，虚拟街道将更有“街道”感。

起初，镜像世界在我们看来是一个覆盖现实世界的高分辨率信息层。我们可能会看到一个虚拟名称悬停在我们之前遇到的人面前，或许还会有一个蓝色的箭头向我们指示转弯的正确位置（与 VR 黑暗、封闭的头显不同，AR 头显使用透视技术将虚拟图像插入到现实世界中）。

最终，我们将能够探索现实世界中真实的物理位置，因为我们可以在镜像世界中通过文本进行搜索，例如“找到所有能沿着河流朝向看日出的公园长椅”。我们可以将现实物体超链接到网络中，就像网络中的超链接一样，能够产生奇妙的体验服务和新产品。

在镜像世界中，一切事物都将有配对的“双胞胎”。20 世纪 60 年代，NASA 的工程师通过保留他们发射到太空的机器副本来对故障组件进行故障排除，这项操作对应的组件距离工程师数千英里。这些“双胞胎”逐渐演变出了数字版本。

通用电气公司生产极其复杂的机器如发电机、核潜艇反应堆、炼油厂控制系统、喷气涡轮机，等等，如果发生故障将会造成人员伤亡。为了更好地设计、构建和操作这些巨大的装置，通用电气借用了 NASA 的诀窍：他们为每台机器都创造了一个数字版本。例如，序列号为 E174 的喷气涡轮机拥有一个相应的数字版本，其每个部件可以在空间中以三维方式存在于相应的虚拟位置中。在不久的将来，这种数字的“双胞胎”可以成为动态数字模拟的引擎。这种全尺寸的 3D 数字模型不仅仅只是一堆数据，它还体现了体积、大小和质地，就像是一个实物的化身。

而微软已经将“数字双胞胎”的概念扩展到了整个系统中。该公司正在利用 AI 构建沉浸式虚拟复制品。对于一个巨大的六轴机器进行故障排除的最佳方法，莫过于使用相同尺寸的虚拟数字版本覆盖原版机器，维修技师可以通过 AR 技术研究虚拟叠加层，以查看实际零件上可能出现缺陷的部分。而总部的专家还可以在 AR 中指导维修技师，并在其处理实际部件时引导他的操作。

最终，现实世界中的一切将拥有对应的数字版本，而这发生的速度将比你想象的更快。家居用品零售商 Wayfair 在其在线家居产品目录中展示了数百万种产品，而这些照片并不全是在照相馆拍摄的。相反，Wayfair 为每个项目都创建了一个 3D 且与照片一样逼真的数字模型，这种做法的成本更低。当你浏览他们的网站时，你就已经看到了镜像世界。

Wayfair 还发布了一款 AR 应用程序，它可以使用手机相机来创建实际物品的数字版本，然后应用程序可以将 3D 对象放置在房间中，并在用户移动时保持固定，以便更好地进行观察。与 Houzz 类似的 AR 应用程序的负责人 Sally Huang 说：“当购物者在家中尝试这样的服务时，他们的购买意愿提升了 11 倍。”这就是 AR 风险投资者 Ori Inbar 所说的“将屏幕上的互联网移动到现实世界中”。

为了让镜像世界成为完全体，我们不仅需要各种实物的数字版本，还需要建立一个能够放置它们的 3D 世界。而消费者很大程度上正在自己做这件事：当有人通过 AR 设备凝视某个场景时，设备的嵌入式摄像头将映射他们所看到的内容，云端或 AI 将理解这些像素，并确定用户的位置，这就是 SLAM，即同步定位与映射。

在镜像世界中，物体将与其他物体相关联，例如数字窗口将存在于数字墙面的环境中，那么镜面世界也将由此创造出物联网。

AR 是支撑镜像世界的关键技术，这个新生儿将成长为巨人。“镜像世界让你沉浸其中，你不会从现实空间中消失，你仍然存在，只不过是在现实的另一面，就像《魔戒》中 Frodo 戴上魔戒时那样，他们不会让你脱离世界，而是与其建立了新的联系。” Leap Motion 的前创意总监 Keiichi Matsuda 写道。

镜像世界想要迎来快速发展，就需要低价、持续可穿戴的 AR 眼镜。人们猜测苹果可能正在开发这样的产品。苹果公司最近一直在招聘 AR 相关人才，并收购了多家 AR 技术公司，其中一家名为 Akonia Holographics 的创业公司专门生产薄而透明的智能眼镜镜片。“AR 将改变一切，” 苹果公司 CEO Tim Cook 在 2017 年底的财报电话会议上表示，“我认为苹果公司在这一领域处于领先地位。”

但在当前，人们除了选择 AR 眼镜外，还可以通过手机、手表等智能设备与原始的镜像世界互动，今后，连接到互联网的一切都将连接到镜像世界。

而结合 AR 技术，目前应用较为广泛的则是可做为操作维修的引导指示、防错的预警、信息的提示以提高操作人员的效率及准确性。数字转型势在必行，就连传统工具机大厂也积极抢攻 AR 商机，例如，发得科技与远东机械将 AR 结合 3D 虚拟动画，将其运用在设备在线故障排除的功能上。

有一句经典的话，Becoming is better than being！作为技术驱动的领域，无论镜像世界听起来多么科幻，其所应用的技术距离完全成熟也还有很长的路要走，但通往这个世界的步伐已经启动。

为了更好地适应未来趋势，目前我们需要开放性地做好准备，我们既要关注商业化的实现，也要有更多公司机构去不断拓展技术边界，建立核心竞争力，让行业爆发更大的价值与潜力。如此，未来生活的大门才会向我们敞开。

2. 真实的科幻：AR+意念控制，脑——机

脑——机接口（Brain-Computer Interface,BCL）是一种涉及神经科学、信号检测、信号处理、模式识别等多学科的交叉技术。有电动汽车公司Tesla、火箭公司SpaceX、太阳能公司SolarCity、超级高铁Hyperloop等企业的埃隆·马斯克（Elon musk）总能给世界带来惊喜。几天前，马斯克投资了1亿美元的神经科学公司Neuralink公司公布了最新脑——机接口装置进展，一种“像缝纫机一样”的机器人，能够将超纤细的线植入大脑深处，该系统最终将能够读写大量信息。

这也说明了脑——机接口并不像想象的那样遥不可及。目前，全世界已经有30万人使用了人工耳蜗，这种听力设备并不直接和神经产生联系，但它们将接收到的声音转换成电信号后会将电信号传送给耳蜗中的电极，电极会刺激耳蜗神经从而让大脑感觉到听到了声音——尽管后者非常粗糙。

2018年，美国国防部高级研究计划局（DARPA）将向6个研究机构分配6500万美元经费，以研究出可以创建出更高分辨率脑电信号的植入式脑——机接口。美国国防部高级研究计划局为这些企业设置了一个相当宏大的目标，

他们希望这些研究机构尽快开发出可以扫描 100 万个神经元的植入式脑——机接口，并在 2021 年之前开展初步的人类实验，还要设计出安全、小巧、无线且耐用的高级脑——机接口，从而让这些设备在潮湿、炎热、多盐、敏感的大脑边缘工作。

工业界也在加大对脑——机接口的投资。马斯克的 Neurqlink 寄希望于在 8 年时间内开发出普通人都可以使用的脑——机接口；Facebook 也启动了一个“无声语言”计划，以支持科学家开发出一种脑——机接口，帮助残障人士实现每分钟 100 个单词的意念打字。

近日，Facebook CEO 扎克伯格更是透露公司正在研究一款可用于 AR 眼镜的脑——机接口技术，该技术并非将 AR 眼镜以植入性芯片的形式进行，而是希望能开发成可量产的可穿戴技术。

类似《刀剑神域》中那般脑——机接口被认为是虚拟现实的最终形态，也是最理想的形态，然而这个离我们似乎还有些遥远。

或许到 2030 年，一体式 AR/VR 眼镜已经成为现实。它们既薄又轻，可以用于户外。如果你需要闭合的体验，你只需将设备切换到 VR 模式即可进入大型多人虚拟世界。

Facebook Reality Labs 的首席科学家迈克尔·亚伯拉什指出，这样的设备即将到来，他预计这有望在未来十年内出现。

这一切都很好，而且当然比 2016 年的初代头显设备更好。现在 AR/VR 头显具备近乎完美的眼动追踪功能，板载 AI 可以进行对象识别，并且可以像个人助理一样实现令人信服的交流对话。设备具有基于眼动追踪的 UI，而一切都感觉像是魔术一样。尽管如此，你依然主要是通过手势来操作 AR，同时是

通过控制器来在VR中享受家用体验。如果回到十年前，现在这种情况绝对是令人难以想象的。

除了诸如The Void这样的线下AR/VR中心之外，大多数消费者都没有属于自己的触觉套装，因为价格非常昂贵。另外，尽管它们可以通过嵌入到织物中的热电冷却器来模拟冷热，但只能提供与智能手机同类的触觉技术。这不太实用，同时不适合家用游戏。

与此同时，体积较小、性能更高的神经植入物已投入生产。植入物曾经需要大型手术，但得益于AI辅助型机器人手术，现在已经成为门诊手术。由科技巨头支持的团队正在努力将BCI带到消费者市场。但到目前为止，尚未有一款产品正式获得美国食品药品监督局的消费者市场审批。最新型号依然只能用于医疗案例。但是，相关技术已经取得了长足的进步。另外，某些国家的法规比较松懈，并且已经有数千勇敢的冒险者提交了申请。

借助植入物，你不仅能够将“键入速度”提高十倍，并且只需意念即可完成网络搜索，而且可以在没有耳机的情况下收听音乐，无须活动嘴巴即可与人进行远程语音聊天。很快，相关利益集团的游说团队就会开始行动。当第一个选择性消费者BCI植入物变成合法时，企业将纷纷跟上。

这将开辟一个全新的游戏设计世界，而菜单将成为过去，因为游戏不仅能够响应玩家的行动，而且能够响应你在遇到挑战时所产生的反应，如愤怒、喜悦、惊喜、无聊，等等。游戏设计师现在有大量的信息需要筛选，并且必须完全重新考虑如何构建系统以利用相关的数据，这是一种范式转变。

现在请你想象一下未来。眼镜正摆在壁架上，而今天的VR和AR头显正在积尘。你的神经植入物不再是一系列贴在脑勺的芯片。柔软的格栅覆盖在你的大脑表面，并为神经元网络提供相应的刺激。它可以访问大脑的很大一部分。你不再需要眼镜，因为数字图像直接注入你的视觉皮层。你同时可以感受到脚边的湿润青草，并在未开发的森林中闻到松针的香味。

鉴于我们今天所知，所有这一切都有望成为现实。随着我们不断加深对大脑的理解，且神经植入物的好处开始超过风险时，脑——机接口将会在某个时候与 AR/VR 糅合在一起。尽管目前我们尚不清楚在拥抱数字革命的下一篇章之前需要冒多大的风险，但是我们完全理解个中风险，并且相信未来值得我们憧憬和希冀。

3. AR 依然依赖于基础科技突破

AR 是一种实时地计算摄影机影像的位置及角度并加上相应图像的技术，这种技术的目标是在屏幕上把虚拟世界套在现实世界并进行互动，所以说 AR 的发展必定离不开机器视觉技术等基础科技的突破。

基础科技需要突破的方向还有很多，人类对于大脑科学的理解，还处于早期阶段，尽管这样的研究成果层出不穷，世界主要创新经济体对于脑科学的投入也不少，但是涉及人脑深度的图像处理技术，还有赖于脑科学的进一步发展。机器视觉和人脑图像处理领域需要联通起来。

什么是机器视觉技术?

机器视觉技术，是一门涉及人工智能、神经生物学、心理物理学、计算机科学、图像处理、模式识别等诸多领域的交叉学科。机器视觉主要用计算机来模拟人的视觉功能，从客观事物的图像中提取信息，进行处理并加以理解，最终用于实际检测、测量和控制。机器视觉技术最大的特点是速度快、信息量大、功能多。

机器视觉主要用计算机来模拟人的视觉功能，但并不仅仅是人眼的简单

延伸，更重要的是具有人脑的一部分功能，比如能从客观事物的图像中提取信息，进行处理并加以理解，最终用于实际检测、测量和控制。

AR 系统的输入端和输出端都是基于机器视觉在进行工作的。首先，通过头盔上的微型摄像头，获取外部真实环境的图像；其次，计算机通过场景理解和分析将所要添加的信息和图像信号叠加在摄像机的视频信号上，将计算机生成的虚拟场景与真实场景进行融合；最后，通过一个显示系统呈现给用户。目前，大多数手机 AR 用的就是这一原理。

而基于视觉的方法，受限于图像本身，噪声、尺度、旋转、光照、姿态变化等因素会对跟踪精度造成较大的影响，因此为了更好地处理这些影响因素，研发鲁棒性强的算法就成为下一步 AR 技术的研究重点。

4. 挫折仍在，但未来超预期

人类是在自然界中进化而来的，我们不是为了在虚拟世界中生存而进化的，正如大脑有其局限性，我们的身体也是有局限性的。这就是人类自身的限制。人们使用AR，会晕眩、困惑、恐惧。由于虚拟世界过于真实、刺激，对于人的身体可能会有一些反向的伤害，导致我们产生新的心理和生理疾病。

人类在正常情况下通过视觉、前庭系统和肌肉共同协作，通过神经传达信息，告诉大脑我们的身体所处的状态和位置。但在AR设备所带来的虚拟世界中，人类能够感知到的只有视觉移动，前庭系统和肌肉因为身体实际并没有移动，会给大脑传达与视觉系统相悖的信息，而人类的大脑无法处理相冲突的两种信息，从而引发眩晕和恶心的生理反应并且这种反应会持续相当长一段时间。

AR设备在感知人体动作方面存在一定的延迟，我们在AR设备中看到的画面实际与身体动作之间不同步，可能这一差距非常小，但依然会让我们的大脑做出判定失误的反应，进而引发人体不适。举个例子，比如我们在不戴AR设备时，当我们转头，视觉与身体动作的感知之间不存在延迟；而佩戴AR眼

镜时，当我们转头，AR 设备需要一定的时间去判定我们的动作，短时间内使用出现这一现象可能并不会造成明显的不适，但当我们较长时间使用 AR 设备时，这一现象引发的不适感就会快速上升，并且在我们脱下 AR 设备后，持续较长时间。

AR 设备带来的视觉场景范围大于人类的正常视觉范围。AR 设备为了给我们带来更好的沉浸式体验，提供的视觉范围会比我们正常的视觉范围大，同时 AR 设备所呈现的是我们不熟悉的环境，人类本能地会去频繁移动眼球和转动头部去观察和感知这个环境。但这一动作与我们在正常世界中的动作不同，在我们的正常世界中，环境是不会跟着头部的移动而产生移动的，当我们倾斜头部时，我们的视觉能够告诉我们的大脑这是个真实的世界；而 AR 设备中的视觉会随着我们头部的转动而转动，甚至当我们头部倾斜时，画面也会跟着倾斜，这一现象就会非常显著地增加人体不适感。

AR 设备的物理景深和人类视觉不统一。人类在观察较近物体时，需要睫状肌带动晶状体进行对焦。当聚焦点较近时，瞳孔的距离会相对靠近，聚焦点较远时，瞳孔会相对向外，这一现象被称为视觉辐辏。AR 设备中屏幕发出的光是平面的，不带有深度信息，目前的 AR 设备暂时无法形成物理景深，只能通过画面的模糊或清晰刻意塑造景深。人类在观察不同景深画面时，因为无法感知到距离信息，只能将视觉焦点定位在屏幕上，这就与显示出的景深形成冲突。人类较长时间存在于这种环境之中，就会产生较严重的晕眩感，并且这一问题以目前的技术无法解决。

人类自身的身心和脑力都成为新技术的限制因素。正如人类的消化系统，还处于原始人时代一样。我们的身体还处于一种闲适的丛林时代，在高度刺激

性的知识场的刺激之下，人类会出现各种过激反应，这是知识的反作用力。

这一切使得人们开始拒绝 AR 技术，这也是 AR 从最初进入人们视线中到现在尽管已经有数年的时间，然而直至今日发展仍然非常缓慢的根本原因。虽然 AR 数字世界实现的时间线可能会比预期晚一点，但这个社会就是这样，都是飞跃式的发展。对于落后者而言，可能会遇到断崖式的下降局面。在超级技术面前，向来都是黑和白的二元式分野。

5. AR 的未来：人类只有一朵知识云

随着 AR 技术的不断发展，AR 行业开始寻求虚拟与现实更大空间的结合，希望在同一场景下拥有更多更大的互动。这时候，AR 云的概念被提了出来。AR 云作为 AR 内容的强大载体，能够将用户连接起来，让身处同一地点的用户看到相同的虚拟事物，使这个世界的展现方式更多的是 3D 展现，让移动互联网的时代悄悄过去，迎来空间互联网。

简单来说，AR 云是一个大系统的终端，如果这个系统是饭店的话，AR 仅仅是前厅，后厨是巨大的服务体系。后台是巨大的经过结构化的知识服务系统。而在 AR 云的支持下，人类就可以实现真正意义上的知识共享。

那在 AR 云的支持下，AR 的未来又是怎样的呢？我们通过以下四个方面，来做一个简单的总结及预测。

（1）从内容展示到内容互动

这个很好理解，从各家 AR 公司的产品可以看出，现在越来越多的 AR 应用开始从展示体验向互动体验过渡，很明显的感觉就是，AR 不再是一个简单的模型展示，逐渐向可交互的系统进化。而这一趋势，尤其在 AR 游戏中得到

了很好的体现。

在之前很多的产品里，AR 主要是在现实场景中叠加一些虚拟的信息，可能是一个真实渲染的模型，可能是一段酷炫的特效动画，从而带给用户视觉的全新感官体验。而视觉观感是远远不能满足用户需求的，也无法体现 AR 的价值，随着技术的发展，AR 互动变得重要起来。不论是简单的模型平移、缩放、旋转，还是深度交互的 AR 游戏，都在传递着一个信号，那就是 AR 互动的重要性。

对于未来而言，会有更多的交互方式，也会更多地体现 AR 虚实融合的特点。新的输入方式，新的交互反馈，都使得虚实之间的交互将更加自然。

（2）从娱乐应用到实际功能

虽然很多人都看好AR，但同样也有很多人看衰AR，认为AR就是个噱头。不得不承认，目前的 AR 给大多数人的感觉是新奇，而不是实用。

任何新技术、新产品的发展，都是循序渐进，都需要有用户认知并接受的过程。AR 眼镜应用在工业、医疗、维修等场景中，具有很强的功能性，但这样的 AR 应用距离消费市场还比较远，C 端的大众用户并不熟知。而 C 端用户可感知的 AR，不论是大屏特效展示，还是移动 AR 模型，都没有发挥出 AR 功能性价值的一面。

随着用户对 AR 的认知加深，偏娱乐化展示的 AR 应用开始不能满足用户的需求，以移动端 AR 产品为例，市面上大部分应用是模型展示、场景互动、游戏等，但现在也慢慢开始出现可以代替工具的 AR 实景测量、AR 家具摆放、AR 实景翻译、AR 导航等功能性应用和产品，并且这类功能性 AR 应用和产品会成为趋势，会变得越来越多，解决用户日常生活的方方面面的痛点。而其他载体的 AR，包括车载 HUD AR、AR 眼镜，等等，也会出现更多功能的 AR 产品，发挥更大的价值。

（3）从单人体验到多人互动

除上述观点外，AR 体验会从当前的单人体验升级到多人互动。对于互联网来说，“连接”这个概念相信大家都不陌生。同样，AR 也扮演着重要的“连接”作用。

单个能力的 AR 内容体验，只是现阶段技术背景下的中间态，理想的 AR 是构建拷贝真实的物理世界，实现数字化的 AR 云——内容共享、持续体验、多人互动。这是肉眼可见的未来，而且并不遥远。

目前已经有许多技术储备，可以实现多人互动体验，包括 ARKit 的协同技术、ARCore 的 Cloud Anchors 能力，包括市面上活跃的多人 AR 体验的产品和技术公司，都体现出 AR 多人互动体验的重要性。

（4）从摄像增强到环境增强

目前的 AR 内容呈现，只是狭义概念的环境增强，任何带纹理的平面、任何地方打印好的图片都可以作为 AR 的触发方式。而 AR 叠加的信息增强并没有真正与现实环境匹配起来，并没有实现真正的环境增强。

理想状态的 AR，是对现实环境的实时增强显示，能够实现虚拟信息与现实物理世界匹配，能够实现环境理解、能够实现虚实遮挡，能够在合适的位置呈现对应的 AR 信息。

6. AR+ 脑神经元计算，最后一块屏幕

脑机直接向大脑传递图像，越过眼睛这样的知觉器官，是未来 AR 行业的一个终结性的进化方向。所以，人们将 AR 定义为人类的最后一块屏幕。类似于意念传感的技术，在很多人看来，这太科幻了，但是在前沿的技术研究方向上，人们已经开始打开城墙。人类向着意念传输图像的能力，已经在实验室中取得了成果。

人脑在处理语言和抽象事物方面，其实并不擅长，这是人脑的进化导致的现状。但是人脑在处理图像和空间内的动态图像的时候，就表现了强大的计算能力，这种能力，现在仍然让脑科学家感到惊叹。这是因为在人脑中，神经元相当于处理器，一个成年人的大脑至少有数百亿个神经元，每个神经元都与其他神经元相连，它们的连接处被称为突触，突触是人脑的存储器，用计算机术语来说，这是一个极其庞大的分布式计算系统。这种处理器与存储器紧密相连的结构，让人脑内的通信效率非常高。

现在，科学家们希望通过用人脑的图像算力，产生“真实虚拟世界”，实现《黑客帝国》中的“在梦中生活”。虽然人类对于脑科学的研究还处于早期，

要实现脑际可控成像技术系统这一终结性的技术，可能还需要漫长的几百年，但HMD的不断发展却在不断地缩短AR过渡性技术到终结技术之间所要经历的时间。

HMD是Head Mount Display的缩写，也就是俗称的头显，这是AR最核心的设备，有了这个东西，关于AR的一切才有可能。锤子科技设计总监罗子雄说“HMD会是人类的最后一块屏幕”，那是因为HMD既可以移动，显示面积又大。下一代通用计算机平台要找一个出口，第一必须是平台级，第二必须是通用级。虽然游戏机市场兼顾到了两者，但游戏不是通用产业，市场容量很小，而能够满足平台级和通用性的可能只有HMD。

7. AR超级平台，未来权力中心

最大量的知识数据和结构化数据是未来世界的基石，拥有和使用这些海量数据的公司平台将成为未来的权力中心。对于“数据是信息时代的石油”，现在大概已经没有什么争议了。

在AR成熟应用的新时代，这些超级数据平台将人类的知识重新结构化一遍，加上超级人工智能的加持，这些公司将是超级知识中心。超级知识中心加上适当的创造力和知识整合能力，就能够成为未来权力中心。

这种“知识母公司”的形态，对于现在的经济产业结构将产生巨大的影响。人类在创造领域的效能将得以提升，但是问题也会随之而来，超级权力中心能够赚取超级财富，如果想建立一个更加公平的社会，还需要社会管理者做出更多的努力。

我们都知道，每个刚出生的孩子都是一张白纸，这张白纸最后呈现的画作取决于他从小到大汲取到何种知识。同样地，在未来的AR社会中，平台向用户灌输什么知识，用户就会变成什么样的人。

这也就意味着，这个无所不能的信息和知识整合平台将会掌握整个社会

的运作权力，成为未来权力的中心。

无论是工作、学习，还是科学研究，人们都免不了要在前人的观点之上来进行思考，从而获得灵感。我们做个极端的假设：当 AR 平台出现后，掌握着知识和信息的人却对知识和信息进行了垄断，不愿公之于众，那社会会变成什么样子？恐怕许多人一辈子连小学都无法毕业，世界科技恐怕也永远只能原地踏步。看来无论在何种时代，人类在反知识垄断和信息垄断的道路上都还是任重道远。

举个例子：如果一个人是骗子，那么他就会生怕你知道实情，他就会把一些非常实质简单的概念，用一些看起来“高大上”的术语包装起来，捏造“伪概念”来垄断信息，阻止普通人知道更多。例如近几年炒得神乎其神的“区块链”，如果你去相关公司网页上搜索一下“区块链是什么”，保证你越看越迷糊，即使你是个接受高等教育的人，也能让你看得怀疑自己的水平。而实际上呢？所谓“区块链”一句话就能解释：所有人一起记账。

只有在保护知识产权和反知识垄断、反信息垄断之间找到平衡点，未来的 AR 社会存在的才可能是无处不在的分享。人类互相碰撞的灵感才会越多，更多人们的精华思想也会被筛选出来，人类也就有更多的进步可能性。

法国哲学家福柯曾说过“知识就是权力”。AR 社会，必然是以知识为最大资产的社会，谁拥有最大的知识服务系统，谁就拥有着社会的大脑。那么 AR+AI 是否可以成为经济领域新的经济中心呢？

答案是肯定的。AR 技术与行业结合可以提升行业价值、带来新的解决方案并提升用户体验。很多企业希望将 AR 技术纳入到自己的生产与销售过程中，所以投资或收购 AR 相关企业，这有效地推动了 AR 行业的增长，使其成为当下经济的重要组成部分。

AR 技术是在真实的环境中添加计算机生成图像的技术。现实世界和增强环境可以同时交互，用户可以进行数字化操作。随着 AR 技术的成熟，应用程序的数量不断增加，它也会改变我们的购物、娱乐、工作方式。在购买衣服、鞋子、眼镜或其他任何我们穿戴的物品前，我们都会想要进行“试穿”。同理，为家里购买家具时，也会想先看看家具摆在家中的样子，只不过之前很难实现。但在未来的 AR 社会，我们就可以轻而易举地利用 AR 做到前面提到的“试穿”“试摆”这些事了。

除了上述这些简单的例子，在未来 AR 社会，开放性知识服务平台将成为资本市场的宠儿。最大的那一家，也许还会成为市值上万亿美元的新公司。开放性知识服务平台可以使人们对原本复杂的知识获取变得唾手可得，也就能使企业在竞争中发挥更好的优势。

根据企鹅智酷报告，34.9% 的智能手机用户有过线上内容付费的行为；根据腾讯科技的调研，55.3% 的网民有过线上内容付费，如果以 2017 年腾讯公布的微信 8.89 亿月活用户和微信支付用户 6 亿来估算，并参考“得到”订阅专栏 199 元的定价、小鹅通 150 元 ARPU 值、喜马拉雅月均 90 元 ARPU 值，取最保守的 150 元作为假设的用户年均消费，知识付费年市场规模约为 405.9 亿元。

在当下互联网社会，知识付费平台已经如此火热，那在拥有知识天网的未来，开放性知识服务平台的火爆程度也就可见一斑了。

参考文献

[1] [日] 藏田武志 . 增强现实（AR）技术权威指南 . 北京：电子工业出版社，2018.

[2] 日经 BP 社编 . 黑科技：驱动世界的 100 项技术 . 艾薇泽 . 北京：东方出版社，2018.

[3] [美] 迈克斯 · 泰格马克 . 生命 3.0. 汪婕舒泽 . 杭州：浙江教育出版社，2018.

[4] 韦青 . 万物重构 : 智能社会来临前夜的思索 . 北京：新华出版社，2018.

[5] 范丽亚、马介渊、张克发等 . 增强现实硬件产业的发展及展望 . 科技导报 .2019 年第 8 期 .

[6] Marty Resnick、Adrian Leow、Jason Wong. 谷歌与苹果对于开发移动 AR 技术的影响 . 电子产品世界 . 2019 年第 7 期 .

[7] 张迪、丁杰、张宗禹、王旋等 . 学前教育领域中 AR 技术的应用现状与发展趋势研究 . 教育现代化 . 2019 年第 8 期 .

[8] 汪行东、张飞英 . 增强现实技术 AR 在军事沙盘系统的应用 . 集成电路应用 . 2019 年第 6 期 .

后记

AR 技术的到来，首先让人想到的是信息技术的革命，其将为人们的生活带来翻天覆地的变化，在生活、教育培训、医疗、娱乐、电子商务等领域深刻地影响每一个人。科研机构和科技公司对 AR 技术带给社会的影响还是十分乐观的，认为技术的变革能提高生产效率，创造更多的经济价值，然而也有人提出了对新技术的忧虑。

忧虑更多地来自伦理层面，有的学者认为，人类将由此多出一个“电子器官”，甚至成为“电子人”，一旦剥离开人和电子设备的关联，人就成了一个废人。因为过度依赖智能终端设备的人，本身已经不去记忆知识，也不再独立自主地学习技能了。

还有的学者认为由 AR 技术制造出的虚拟宠物将使人和大自然、动物之间的关系更加疏离。诚然，这个应用的设计初衷是为了让那些对动植物有过敏反应的人能接触到它们，继而可以让普通人感受到在家中摆放一瓶虚拟鲜花，养一只虚拟宠物的乐趣。虚拟宠物省去了宠物新陈代谢的过程，也让日常护理变得更简单，只剩下宠物和人娱乐的部分，甚至放大或歪曲了生物的天性，让它们表现得更顺从人类、更适合人类。可当人们放下智能终端设备，现实生活中动物的情绪、反应是否合他们的胃口呢？见到敏感、凶悍、病弱的小动物，人们是否会选择回到虚拟世界中呢?

技术的革新除了让人生活得更好，还应该同时肩负改善人与人、人与社会、人与自然之间关系的责任。AR 技术将把我们引向何种互联、高效、和谐的未来生活，我们拭目以待。